江苏海洋经济发展战略研究

刘 波 著

国家自然科学基金项目（41671122）
江苏省省级宣传文化发展专项资金资助项目　　资助
“十三五”江苏省重点学科“应用经济学”

科 学 出 版 社
北 京

内 容 简 介

江苏省位于我国东部沿海中心地带，海洋资源丰富，具有发展海洋经济极为优越的条件。本书运用主导产业选择、海洋经济竞争力、陆海统筹、海洋经济可持续发展等理论，基于灰色关联、弹性的增长潜力、Logistic 方程、交互胁迫、CRITIC 法、层次分析、耦合协调度等分析方法，对江苏省海洋经济贡献度、海洋经济综合竞争力、海洋主导产业、陆海统筹及海洋经济可持续发展进行了系统评价，梳理江苏省海洋经济发展中存在的问题，提出了促进海洋经济发展的针对性对策建议。

本书可作为海洋经济、海洋产业等领域从事科学研究或管理工作人员的参考书。

图书在版编目（CIP）数据

江苏海洋经济发展战略研究 / 刘波著. —北京：科学出版社，2017

ISBN 978-7-03-056106-0

Ⅰ. ①江… Ⅱ. ①刘… Ⅲ. ①海洋经济–经济发展战略–研究–江苏 Ⅳ.①P74

中国版本图书馆 CIP 数据核字（2017）第 316136 号

责任编辑：周　丹　曾佳佳 / 责任校对：彭　涛

责任印制：张　伟 / 封面设计：许　瑞

科学出版社 出版

北京东黄城根北街 16 号

邮政编码：100717

http://www.sciencep.com

北京九州迅驰传媒文化有限公司 印刷

科学出版社发行　各地新华书店经销

*

2017 年 12 月第　一　版　开本：720 × 1000 1/16

2017 年 12 月第一次印刷　印张：10 3/4

字数：215 000

定价：88.00 元

（如有印装质量问题，我社负责调换）

前 言

由于陆地资源、环境和可持续发展等因素的制约及海洋在经济和政治上特殊的战略重要性，发展海洋经济已成为全球性战略选择。20 世纪 60 年代以后，许多国家逐步把眼光从陆地转向海洋，提出“向海洋进军”的口号。20 世纪 80 年代，美国、日本、英国等发达国家就不约而同地制定了海洋经济相关的发展规划和海洋战略决策，以期望在 21 世纪海洋经济、军事和政治等方面取得领先优势，并带动和进一步促进国家整体经济的发展。20 世纪 90 年代以来，海洋经济在沿海国家的经济中占有越来越重要的位置。在世界海洋强国和大国中，海洋经济的 GDP 占比大多在 7%~15%。1994 年，正式生效的《联合国海洋法公约》标志着国际海洋秩序的形成和人类和平利用海洋、全面管理海洋时代的到来。进入 21 世纪，世界海洋经济以前所未有的速度发展，其产值已经占整个 GDP 的 21%。不论是经济学领域还是海洋产业技术的发展和革新，都使得人类对于海洋经济的认识得到了进一步深化，海洋经济的发展进入更深的层次，各国也开始制定更全面的海洋发展规划。

中国拥有约 470 万 km^2 的海域，1.8 万 km 的海岸线，但海洋经济发展起步较晚，海洋经济仅占 GDP 的 10%左右。自 1996 年我国制定《中国海洋 21 世纪议程》，意味着中国开始提出和选择发展海洋经济的战略，真正意义上为中国海洋经济发展提供了宏观性和顶层设计的指导，中国海洋经济开始逐渐起步、发展和壮大。2003 年国务院批准实施了《全国海洋经济发展规划纲要》，这一文件加快了中国海洋资源勘探、开发、利用步伐，进一步推动了中国海洋经济的发展，对中国海洋经济产业的优化调整起到了巨大的促进作用。党的十九大明确提出要“坚持陆海统筹，加快建设海洋强国”。这是党中央准确把握时代特征和世界潮流，在深刻总结世界海洋强国和中国海洋事业发展历程及其经验教训的基础上做出的重大战略决策。在建设海洋强国和“21 世纪海上丝绸之路”的大战略下，“十三五”时期，中国要实现海洋经济布局从近岸海域向海岛及深远海延伸，需要更深更广地融入全球海洋产业价值链体系，同时通过集约高效地利用现有海洋资源，提高现代海洋产业体系建设，提升海洋经济发展的质量与效益，扩大国内市场对海洋产品的需求规模和层次，实现海洋经济在新常态下保持平稳发展，海洋产业转型升级。

江苏省位于我国沿海地区中部，东向经黄海、东海与太平洋相贯通，西向通过长江黄金水道、陇海—兰新线连接着中西部地区及中亚国家，地处丝绸之路经济带、长江经济带与21世纪海上丝绸之路的战略交汇处，发展海洋经济具有独特的区位条件。江苏省是经济大省，海洋资源丰富，大陆海岸线长954km，管辖海域面积3.75万km^2，海洋资源综合指数位居全国第4位；沿海堤外滩涂总面积5001.67km^2，约占全国滩涂总面积的1/4，居全国首位；生物资源丰富，近岸海域浮游动植物种类繁多，拥有海州湾渔场、吕四渔场、长江口渔场和大沙渔场；能源储备相当丰富，海上风能极具开发潜力；矿产资源分布广泛，品种较多，已发现的有133种；滨海旅游资源独具特色，拥有亚洲大陆边缘最大的海岸湿地，建有国家级珍稀动物自然保护区和国家级海洋特别保护区。2009年6月，江苏省沿海地区开发正式上升为国家战略，海洋经济的发展进入快车道，海洋生产总值保持着快速增长的态势，由2009年的2717.4亿元增长到2016年的6860.22亿元，平均增长速度为14.1%，比全省同期GDP现价平均增长速度高2.1个百分点。海洋生产总值占GDP比重由2009年的7.9%上升到2016年的9.0%。“十三五”时期，江苏省贯彻落实国家“一带一路”倡议和长江经济带战略，统筹推进江苏省沿海发展，加快推进海洋强省建设，着力推进海洋经济转型升级，全力打造科技创新引领、集约集聚发展、海洋经济特色鲜明的现代产业高地，建成对“一带一路”和长江经济带建设起示范作用的开放合作门户。因此，开展江苏省海洋经济发展研究，对江苏省沿海地区调整优化海洋产业结构和空间布局，促进海洋经济又好又快发展，打造国民经济持续增长新引擎，加强海洋生态建设，寻求科学可行的海洋经济发展战略具有重要的现实意义。

本书共分10章。第1章从海洋经济发展战略、海洋经济带动效应、海洋产业经济、海洋产业结构、海洋经济竞争力等几个方面对国内外相关研究成果进行了系统的分析和梳理；第2章分析了海洋经济、海洋产业、陆海统筹、海洋经济可持续发展的内涵、组成及海洋主导产业选择基准、海洋经济竞争力、陆海复合系统、海洋经济可持续发展复合系统的理论与方法基础；第3章从区位、资源、经济和科教四个方面介绍了江苏省沿海地区的概况，选取海洋产业结构变动值、海洋产业结构熵数和Moore海洋产业结构变化三大指标，对江苏省海洋产业结构的调整及变动情况进行量变和质变分析，并从直接带动效应和间接带动效应两个角度，测度了江苏省海洋经济对沿海地区经济增长的带动效应；第4章阐述了海洋经济竞争力指标体系构建原则，利用熵值法对江苏省海洋经济综合竞争力、海洋自然资源竞争力、海洋产业发展能力、海洋经济发展潜力、海洋科技创新竞争力和海洋环境保护能力进行了评价；第5章根据主导产业判别基准，构建了海洋主导产业指标体系，重点分析产业关联因素、增长潜力因素和生产率上升因素联合作用下的江苏省海洋经济主导产业，并结合国内外临港产业发展趋势，探讨了江苏省临港产业发展方向；第6章借鉴国内外港口资源整合经验，分析了江苏省沿海港口资源整合存在的问题，提出了沿海港口资源整合的模式；第 7 章从海洋系统和陆域系统协调发展的角度出发，构建包括资源、环境、经济、社会四个维度在内的陆海统筹测度指标体系，运用 CRITIC 法、层次分析法、最优化理论、耦合协调度模型和核密度估计等研究方法对江苏省陆海统筹水平进行测度；第 8 章根据海洋经济可持续发展目标，设计由多个指标组成的评价指标体系，运用交互胁迫和协调度模型对江苏省海洋经济可持续发展系统各子系统间时空演变关系的拟合及协调度进行测算；第 9 章以党的十九大“坚持陆海统筹，加快建设海洋强国”战略部署为指导思想，结合江苏省“十三五”海洋经济发展目标，阐述了海洋经济发展的重点任务，提出了沿海陆域—沿海滩涂—近岸海域—远海—深海层进式、立体式海洋经济空间布局；第 10 章分析了江苏省海洋经济发展中存在的微观问题和宏观问题，设计了以六大示范（实验）区为平台、六大基地为载体、六大工程为引擎的海洋经济发展路径，并针对性地提出了加快江苏省海洋经济发展的相关对策建议。

本书是国家自然科学基金项目（编号：41671122）“面向‘一带一路’战略的淮海经济区空间组织响应及优化研究”、江苏省省级宣传文化发展专项资金资助项目、盐城师范学院“十三五”江苏省重点学科“应用经济学”成果的总结。感谢恩师南京体育学院党委书记朱传耿教授，江苏沿海开发研究院院长朱广东教授，盐城师范学院城市与规划学院院长陈洪全教授，盐城师范学院教务处处长蔡柏良教授，江苏沿海开发研究院凌申教授，淮海发展研究院院长、江苏师范大学“一带一路”研究院常务副院长沈正平教授，江苏师范大学地理测绘与城乡规划学院副院长仇方道教授提出的宝贵意见和悉心指导；感谢江苏省海洋与渔业局科教处高松主任对此工作的持续支持和关注；研究和专著撰写过程中还得到了沿海发展智库、江苏沿海发展决策咨询研究基地、江苏沿海开发研究基地、江苏沿海开发研究院郝宏桂教授、赵庆新教授、许勇教授、董艳梅博士、孙小祥博士及陈丽、郁恒飞、吕贤旺等老师的关心和帮助，撰写过程中参阅了国内外同行大量的研究成果，在此表示感谢；本书承蒙科学出版社惠允出版，责任编辑周丹老师精心组织编辑，在此一并表示诚挚的感谢。

由于作者学术水平有限，书中难免有不足和疏漏之处，敬请有关专家、学者和广大读者不吝批评指正。

作　者

2017 年 11 月

目　　录

第 1 章　海洋经济研究综述

1.1　国外海洋经济研究进展

从世界海洋经济发展与国家海洋战略之间关系的研究来看，国外主要涉及海洋经济发展进程、海洋经济可持续发展、海洋经济带动效应与海洋经济分析方法研究等方面。

1.1.1　海洋经济发展进程研究

国外对海洋经济的研究是随着海洋经济的发展而发展起来的，其大致起始于 20 世纪 40 年代，在 20 世纪 80 年代以后得到了较快速的发展。1947 年，世界第一座近海石油平台在墨西哥湾上建成，标志着世界海洋活动由原来以渔业和海运业为主的传统海洋利用模式向更高级的海洋资源开发与利用的转变。1960 年，法国总统戴高乐率先提出了“向海洋进军”的口号，并成立了第一支海洋经济研究团队——海洋开发研究中心；20 世纪 70 年代后期以来，现代海洋经济进入了活跃发展的时期；1972 年，美国通过了世界上第一部《海岸带管理法》；随后在 1974 年，美国经济分析局提出了“海洋经济”（ocean economy）和“海洋 GDP”的概念和核算方法；1977 年，苏联学者布尼奇提出了“大洋经济”的概念，并从经济学角度对海洋经济的效益、作用、前景等问题进行了分析，为海洋经济研究的进一步发展奠定了基础。进入 80 年代后，美国、加拿大和澳大利亚在海洋经济方法的研究方面取得了突出的进展。如 Briggs 和 Townsend 等（1982）对海洋渔业进行了投入产出分析；Pontecorvo 等（1980）从产业的角度出发分析了海洋对美国经济的贡献度，并将国民账户法引入海洋经济价值评估中。自 90 年代开始，国际海洋经济研究更是迅速发展，1994 年《联合国海洋法公约》正式生效；1998 年被联合国命名为“国际海洋年”。进入 21 世纪后，海洋经济研究已经逐步由专家和学术团体的自发研究转向以政府为主导，来指导各国海洋政策为目的的综合性学术行为。2004 年，美国制定了《21 世纪海洋蓝图》，日本发布了第一部《海洋白皮书》（表 1-1）。2006 年，欧盟制定了《欧盟海洋政策绿皮书》等。2007 年，de Vivero 则对欧盟海洋政策做了大体总结，从社会的维度考察海洋政策的制定。

表 1-1　国外主要国家海洋经济发展措施

国家	海洋经济发展举措	
美国	制定产业政策与规划	《我们的国家海洋》《国家环境政策法》《石油污染法》《可持续渔业法》《全国海洋经济计划》《2000 年海洋法令》《21 世纪海洋蓝图》《美国海洋行动计划》《关于制定美国海洋政策及其实施战略的备案录》《关于海洋、我们的海岸与大湖区管理的行政令》《全国海洋科学规划》《美国海洋学长期规划（1963—1972）》《全国海洋科技发展规划》《发掘地球上最后的边疆：美国海洋勘探国家战略》《2001—2003 年大型软科学研究计划》《规划美国今后十年海洋科学事业：海洋研究计划优先计划和实施战略》等
	确立海洋资源探寻、开发、利用的国家战略	通过《我们的国家海洋》《国家环境政策法》《可持续渔业法》《石油污染法》等报告或法律提升了海洋发展的国家战略。制定和实施了《全国海洋经济计划》《2000 年海洋法令》《21 世纪海上力量合作战略》等，进一步确立和加强了海洋资源探寻开发与利用作为国家战略的地位
	加强海洋和沿海生态环境的保护	《外陆架土地法》（1953 年）、《国家环境政策法》、《可持续渔业法》《石油污染法》（1960 年）、《海（湖）岸带管理法》《麦格森-史蒂芬渔业保护与管理法》，签署了《可持续渔业法》保护渔业资源，《美国濒危物种法》和《海洋哺乳动物保护法》
	提高海洋经济产业科技、研究、教育水平	马萨诸塞州（Massachusetts）的伍兹霍尔海洋研究所（Woods Hole Oceanographic Institution），位于加利福尼亚州（California）的世界上规模最大的海洋研究所——斯克里普斯海洋研究所（Scripps Institution of Oceanography），其他著名的研究机构还有美国国家海洋与大气局（National Oceanic and Atmospheric Administration，NOAA）下属的水下研究中心、夏威夷海洋研究所（Hawii Oceanic Institute）等
英国	海洋管理体制、海洋经济产业规划	皇家资产（Crown Estate）委员会，能源部，贸工部，环境、食品和农村事务部（DEFRA），海洋科学技术协调委员会，《大渔业政策》，以及通过了《全面保护英国海洋生物计划》。2010 年，英国政府又颁布了《英国海洋科学战略》
	海洋立法	1949 年的《海岸保护法》、1961 年颁布了《皇室地产法》，1964 年制定颁布了《大陆架法》，1971 年、1975 年分别颁布了《防止石油污染法》《石油开发法》，1998 年又实施了《石油法》。针对海洋渔业资源，英国制定的法律包括：1976 年《渔区法》、1981 年《渔业法》、1983 年《英国捕捞渔船法》、1992 年《海洋渔业（野生生物养护）法》；2001 年《渔业法修正案（北爱尔兰）》等
	完善海洋资源开发管理制度	海洋资源开发利用的许可证制度和有偿使用制度，将双重许可证（作为管理部门的政府发放的允许开发许可证和作为产权所有者发放的有偿租赁许可证或矿业证）运用于港口、码头、水域、围海、填海、养殖、海上娱乐、油气矿业开采等海洋经济活动，只有同时拥有了双证才能开发利用相应的海洋资源，而且对于开发利用的时间、方式、项目等都有严格规定并对其过程进行监督
	海洋科技战略	2007 年英国自然环境研究委员会（Natural Environment Research Council，NERC）批准启动了由 7 家著名海洋研究机构联合申请的“2025 年海洋”（Ocean 2025）战略性海洋科学计划，重点支持气候变化、海水流动和海平面变化，海洋生物化学循环，可持续的海洋资源利用，大陆架及海岸演化、下一代海洋预测等重大海洋技术和课题。2010 年，英国又制定实施了《英国海洋科学战略》报告，并专门成立了海洋科学技术协调委员会执行该战略
法国	借助海洋区位优势，实现海洋经济发展	依靠其先进的海洋勘探技术，主动向海外扩展，通过双边或多边合作，共同开发与管理别国海域范围的油气资源

续表

国家		海洋经济发展举措
法国	提升海洋产业核心竞争力	水产养殖非常发达，目前养殖品种已有10多种，滨海旅游是法国海洋产业的支柱产业之一，海洋潜水技术公司已成为世界上研制及实验深潜器的最大工业公司
	制定产业政策与规划	法国制定并实施的“1996—2000年海洋科学技术研究战略计划”成为20世纪末21世纪初法国海洋工作发展的指导性文件
挪威	围绕海洋渔业打造全方位海洋经济体系	渔业法制以及其他相关海洋经济监管体系完善；建立了众多具有针对性的海洋经济研究所；积极参加国际海洋经济开发合作、积极开拓国际市场以及注重海洋技术的研发；拥有良好的私营企业投资系统；灵活的研究机制，注重科研成果的商业化和技术转让；在海洋经济开发的同时注重海洋环境的保护
日本	法律管理体制	1977年颁布了《领海法》、2005年日本海洋政策研究财团（OPRF）提出了《21世纪海洋政策建议书》、2007年日本又出台了《海洋基本法》
	产业规划	2008年3月第一期的《海洋基本计划》、2013年4月第二期的《海洋基本计划》
	产业做法	自20世纪60年代加快海洋能源、石油气等资源开发与利用；20世纪80年代末开启了重视海洋环境问题和保护海洋生态环境的模式；参与了联合国的区域性海洋环保计划，以及东北亚地区邻国的协作与合作
	海洋科技水平	主要针对海洋环境探测、海洋能源实验室研究和基地建设、海洋生物资源工程技术、海水利用技术和海洋矿产、石油勘测开发技术等；日本在国家层面和区域海洋规划中均规定了海洋科技研究和创新的资金支持政策，如深海研究计划、海洋走廊计划和天然气水合物研究计划等都做了相应规定，并且瞄准在高水平层面，这些计划在国际上有着较大的影响力
	提高海洋空间利用	建立了海上城市；建设了海上港口、机场、大桥、隧道、海洋牧场和海洋能源基地等
韩国	政府统筹规划，注重法律制度的完善	1996年，韩国海洋水产部推出了《21世纪海洋水产前景》之顶层设计蓝图——建设海运强国、水产大国、海洋科技强国和海洋环境良好的海洋国家；2000年，制定《海洋开发基本计划》，作为海洋开发的指导性文件。通过了《渔具管理法》制定草案、《海洋产业集群法》等诸多相关海洋法律，覆盖海洋渔业、航运业、造船业等多个领域，为其海洋经济产业的持续发展提供有力的法律保障
	建立多方合作，走海洋发展共赢之路	积极探寻双边、多边的海洋合作，已与丹麦、秘鲁、中国、俄罗斯等许多国家建立了相关合作伙伴关系
	参与多种会议组织，广泛建立联系	参与了国内外多种海洋会议组织，构建了覆盖面广、内通外达的合作网络

参考资料：吴云通. 2016. 基于产业视角的中国海洋经济研究. 中国社会科学院研究生院.
李懿，张盈盈. 2017. 国外海洋经济发展实践与经验启示. 国家治理, (22): 41-48.

1.1.2　海洋经济可持续发展研究

20世纪60年代以后，为了合理开发和可持续发展，世界各国对海洋经济及其可持续发展的研究日益重视，逐步形成了比较完整的海洋经济及其可持续发展理论。国外对于海洋经济持续发展问题的研究比较广泛，除定性论述外，他们更偏重于制度法规的建立与完善以及长远规划的制定。美国学者阿姆斯特朗和赖纳（1986）合著了《美国海洋管理》。90 年代以来，国外研究海洋和海岸利用的专家学者 Nielsen 等（1997）、Kullenberg（1995）、Blake（1998）等对海洋经济的可持续发展、海洋系统的利用结构等展开了相关研究；1999 年，Morgan（1999）建立了包括海滨开发状况、自然、生物、人文四大类共计 50 个因素的滨海旅游资源评价体系，并研究了滨海旅游对海岸景观的影响。进入 21 世纪，人类已由陆地经济向海陆一体化经济发展方向转变，以可持续发展战略为指导已成为开发海洋的一种必然和基本要求。Holdway（2002）研究了近海油气业包括油气业产生的污水、钻探泥浆和原油对环境的长、短期影响问题后认为，近海油气业的开发必须着重考虑对环境产生的影响；Managi 等（2006）利用 1947~1998 年墨西哥湾的油气产量数据，具体分析了技术进步对于边际生产率的影响，并评估了 1976~1995 年该地区全要素生产率条件下的产业增长效益，研究结果表明，环境管制对近海油气的产量有很大的负面影响；Mcllgorm（2009）认为海洋环境对海洋经济发展有着重要的影响，需要采取一定的经济措施来预测这些影响，从海洋环境的角度帮助政府解决海洋经济发展过程中遇到的问题；Panayotou（2009）则认为，海岸带综合管理应该对生态环境的变化做出更为积极的应对。

1.1.3　海洋经济带动效应研究

发展海洋经济对于沿海区域经济结构调整具有极为重要的战略价值。1980 年，美国哥伦比亚大学的 Pontecorvo 和 Wilkinson 在测算美国海洋经济对国民生产总值的贡献时提出的划界标准具有启迪意义；Chetty（2002）研究了海洋制造业与临港服务业的产业集聚关系，认为两者为互相促进的关系；Virtanen 等（2001）在定量研究海洋经济直接带动效应方面，初期主要利用海洋经济总产值及其对经济增长的贡献份额、就业和家庭收入等传统指标，分析海洋经济的直接带动效应，以及海洋渔业、化工与造船业、港口运输业和滨海旅游业对国民经济发展的直接贡献。关于海洋经济发展的间接带动效应评价研究，国外学者主要利用投入产出法分析海洋产业在短期经济运行中的具体功能，指出海洋产业具有明显的前向与后向产业关联效应。

1.1.4　海洋经济分析方法研究

经济学的发展、海洋技术的革新以及人们对海洋经济认识的逐步深化，为海洋经济进入更深层次的研究奠定了一定的基础，研究内容变得更加微观具体，研究方法也更加先进。Odum（1988）率先提出了能值理论的分析方法，能值理论的分析方法是一种适用于分析经济-环境的量化方法，创新点在于把海洋经济系统内静态和动态的能量和物质分别转化，统一计算得出的能值用于定量分析研究；Colgan（2000）界定了海洋产业的定义，给出了计算海洋经济产值（GOP）的方法，并根据 1997 年的经济分析署的数据计算了当年的海洋经济产值；Villena 等（2005）提出了渔业资源中领土使用权利的概念，并研究出了资源获取动态模型；Kildow 和 Colgan（2005）把乘数效应初步引入海洋经济的分析中来，分析了 1991~2000 年间加利福尼亚州海洋各产业的具体发展状况；Jin 等（2002，2003）对海洋渔船业、深海石油业分别进行了数理分析；Rodriguez 等（2009）将 GIS 技术运用到了海岸带研究和管理当中，体现出量化数字方法在研究中的先进意义；而 Cicin-Saina 等（2005）从理论和实践两方面研究了整合海洋与海岸带的自然保护区管理实践；Ehler 和 Douvere（2009）介绍了基于生态系统管理的海洋空间规划；Kildow（2010）探讨了测量海洋经济对国民经济贡献的重要性，指出因为各国相关海洋经济定义和测量海洋经济方法的差异，以现在的条件下测量、比较与海洋经济有关的经济活动仍有很长一段路要走。

1.2　国内海洋经济研究进展

从 20 世纪 60 年代到 21 世纪，中国海洋经济相关文献数量和质量不断提高，理论研究日趋成熟。研究主要涵盖海洋经济发展战略、海洋经济带动效应、海洋产业经济、海洋产业结构、海洋经济竞争力等。

1.2.1　海洋经济发展战略研究

海洋经济的概念由中国经济学家于光远首次提出，经过不断丰富和发展，海洋经济的概念由原先单一的注重海洋资源的开发与利用的层面，逐步向更加多元化的层面发展。进入 20 世纪 90 年代之后，中国的海洋经济得到了突飞猛进的发展，海洋经济发展战略也得到越来越多学者的关注。

在海洋强国（省）战略研究上，蒋铁民（1990）对中国海洋区域经济问题进行了研究；杨金森（1990）主要对海洋资源的战略地位进行了具体探讨；余海青（2009）运用区域经济发展理论、产业发展理论分析了海南省海洋经济发展的现状及存在的问题，并结合资源特点与海洋经济现状提出了海南省海洋经济发展战略；曹忠祥（2013a）认为应该以更广阔的视野、陆海双向发展的角度，把海洋经济发展的不利因素转化为有利因素，促进海洋经济发展的长远性和科学性，为海洋强国建设提出新的战略思路；司玉琢等（2014）认为在海洋经济发展战略中海事司法是海洋活动主体重要组成部分，代表了海洋强国战略的软实力，在中国海洋战略中海事司法的职能需要发挥更加重要的作用；朱坚真（2014）认为海洋经济强省指标体系的建立对发展海洋经济有着重要的意义，首先提出了海洋经济强省发展的四个原则，进而提出了发展海洋经济强省的战略。

在陆海统筹战略研究上，陆海统筹是海洋经济学家张海峰于 2004 年在北京大学召开的“纪念郑和下西洋 600 周年”报告会上首先提出的，而后很多学者对陆海统筹的概念给出解释。王芳（2009）认为“陆海统筹”是一种思想和原则，是一种战略思维，是指统一筹划中国海洋与沿海陆域两大系统的资源利用、经济发展、环境保护、生态安全和区域政策；叶向东（2010）认为陆海统筹就是要求人们从海陆互动的视角认识开发海洋的重要性，遵循陆海统筹理论，将海洋发展纳入整个国民经济计划系统，发挥海洋在整个经济和资源平衡中的作用，从而又好又快地发展海洋经济；韩增林等（2012）认为陆海统筹是在区域社会发展的过程中，将陆海作为两个独立的系统来分析，综合考虑二者的经济、生态和社会功能，利用二者之间的物流、能流、信息流等联系，以协调可持续的科学发展观为指导，对区域的发展进行规划，并制定相关的政策指引，以实现资源的顺畅流动，形成资源的互补优势，强化陆域与海域的互动性，从而促进区域又好又快地发展；鲍捷等（2011）对“十二五”规划陆海统筹战略从空间范围和目标范畴上界定了其内涵，从地缘政治和社会经济生态角度进行了初步述评，认为陆海统筹既是维护国家利益和战略安全的需求，也是区域经济协调发展的迫切要求。在陆海统筹举措研究上，肖鹏等（2012）认为陆海统筹具体应从统筹陆海空间布局、统筹陆海资源开发、统筹海陆产业发展、统筹海陆基础设施建设、统筹陆海生态保护与环境治理、统筹陆海管理体制机制六个方面进行统筹；曹忠祥等（2015）对当前中国陆海统筹发展难点问题进行了深入剖析，进而提出了以海洋大开发为支撑、实现陆海发展，发挥沿海地区核心作用、促进海陆一体化发展，加快陆海双向“走出去”步伐、拓展国家发展战略空间，提高综合管控能力、夯实陆海统筹发展基础的战略思路。在陆海统筹研究方法上，范斐等（2011）以协同学理论和加速遗传算法为基础，应用有序度模型和协同演化模型，开展辽宁省海洋经济与陆域经济的协同发展实证研究；杨羽頔等（2014）从海洋和陆域两个系统出发，构建包括资源、环境、经济、社会四个维度在内的陆海统筹测度指标体系，测算环渤海各城市的陆海统筹度，应用核密度估计模型分析其时间差异变化趋势，对各城市陆海统筹现状进行分类研究，并进行空间差异分析。海洋资源与海洋生态系统是海洋经济的主要依托，海洋资源与生态系统的开发与利用的合理程度直接影响着海洋经济的持续发展。

在海洋经济可持续发展战略研究上，张德贤（2000）根据海洋经济可持续发展内涵，把海洋可持续放在大社会进行考察，从经济、社会、资源、环境和可持续发展能力五个维度构建了海洋可持续发展的指标体系；叶向东（2006）论述了海洋资源与海洋经济可持续发展的关系，提出了通过海洋资源开发实现海洋可持续发展的目标；冯晓波和赵勇（2006）从海洋资源利用、海洋经济产业发展和海洋科技支撑三个维度，以及环境保护能力等16个三级指标构建了评价指标体系，对海洋经济可持续发展能力评价指标体系进行了完善；狄乾斌等（2009）在阐述海洋经济可持续发展能力内涵模型的基础上，构建了包括海洋资源环境、经济、社会发展三个子系统的海洋可持续发展能力的评价指标体系；白福臣（2009）基于灰色综合评价模型，从资源供给能力、产业发展能力、环境治理与保护、海洋科技水平四个维度构建了海洋经济可持续发展能力评价指标体系；孙莹（2011）在阐述海洋经济可持续发展内涵的基础上，从资源总量、环境质量、经济增长、经济质量、人口生活与科技潜力六个维度评价了浙江省海洋经济的可持续发展能力；邵桂兰等（2011）运用2000~2008年山东省海洋经济相关的时间序列数据，基于主成分分析法和SPSS软件对构建的包括海洋生产力、科技水平和生态环境3个维度20项指标体系进行了综合指数研究；陈金良（2013）从环境保护和可持续发展的角度出发，通过设置包含4个因素层和18个具体指标的指标层，尝试建立中国海洋经济的环境评价指标体系；覃雄合等（2014）在对海洋经济可持续发展相关理论理解的基础上，以代谢循环能力作为研究切入点，建立海洋经济可持续发展测度指标体系，构建包含发展度、协调度、代谢循环度的量化模型；苟露峰等（2017）根据系统协调分析与评价的一般思路，综合考虑生态环境、经济发展和社会发展等多种因素，构建了含37个评价指标的省级海洋经济可持续发展评价指标体系；程娜（2017）认为新常态下，中国海洋经济可持续发展评价体系应涵盖海洋经济子系统、海洋环境子系统、海洋资源子系统、海洋社会子系统、海洋经济可持续发展潜力子系统、海洋民生子系统六大子系统。

1.2.2　海洋经济带动效应研究

海洋经济对地区经济发展的带动效应，还可以进一步细分为产品贡献、市场贡献、增收贡献、就业贡献、外汇贡献和要素贡献等。

关于海洋经济对区域经济发展的定性研究，徐质斌（1996）较早研究了海洋经济对山东经济发展的影响；张向前等（2002）认为海洋经济是区域经济的一种表现形式，可以用科技兴海的方法发展区域经济；金小平（2010）讨论了港航业与经济发展的关系，认为港航业的发展促进了区域经济的发展；张松滨（2013）研究了海洋经济对福建区域经济发展的影响；高强（2014）探讨了海洋经济对山东区域经济的推动作用；郑芳（2014）比较分析了山东、浙江和广东三省的海洋经济对区域经济的影响效应。

关于海洋经济对区域经济发展的定量研究，李福柱等（2012）、董杨（2016）采用产值份额测算海洋经济的直接贡献，使用海洋经济的引致增长弹性、引致财政弹性、引致就业弹性和引致技术进步弹性测算海洋经济对沿海地区经济发展的间接带动效应；于谨凯等（2007）提出可以用海洋产业影响系数和波及效果分析来定量考察海洋产业部门之间以及与非海洋产业部门之间存在着的相互影响、相互波及的复杂关系；董楠楠等（2008）运用贡献率和拉动效应分析了海洋经济对宁波经济的贡献度以及海洋经济对陆域经济的产值拉动效应；崔旺来等（2011）运用计量方法分析了海洋产业发展对浙江省就业的拉动效应；王艾敏（2016）采用空间面板回归和面板向量自回归模型，分别从静态和动态两个角度，对海洋经济与科技间的互动关系进行检验；张尔升等（2016）利用历史数据和回归分析法，发现海洋经济对海南区域经济发展具有增长效应、推动效应、结构效应、就业效应、收入效应；陆根尧等（2017）基于 2001~2013 年的海洋统计数据，从海洋经济规模、海洋产业结构、海洋科技进步贡献率、海洋经济增长对地区经济增长贡献率等方面，运用多种方法对中国沿海 11 个省市自治区的海洋经济发展做出比较分析。

1.2.3　海洋产业研究

随着海洋经济的发展，中国学者对海洋产业的研究，无论从理论上还是从实践上，都取得了相当丰硕的成果。

在海洋主导产业理论研究上，刘堃等（2012）认为海洋主导产业是指在地区海洋经济发展过程的某个阶段，具有广阔的市场前景和较强的技术进步能力，代表着海洋产业结构演变的方向或趋势，引领海洋经济发展的海洋产业门类；关于主导产业的选择问题，杨歌等（2011）分别从主导产业选择的基准、条件和原则方面分析探讨，为主导产业的选择提供了一定的理论依据和借鉴；张佳楠等（2014）从主导产业确定的因素出发，综合考虑产业关联度因素、长潜力因素、生产率上升因素三种因素后，确定浙江省的海洋经济主导产业。

在海洋主导产业选择方法上，宋继承（2010）则在梳理主导产业选择理论发展基础上，运用 SWOT 分析模型阐述区域主导产业筛选；李健等（2012）以天津滨海新区为例，运用层次分析-熵值组合赋权法对其海洋战略性主导产业进行了选择；徐谅慧等（2014）借助层次分析法构建海洋主导产业判识的指标体系，采用主成分分析法对主导产业进行了选择；陈娓娓等（2017）通过分析“十二五”期间宁波海洋经济动态检测报告，对宁波海洋经济的发展进行了综合评估。

在海洋新兴产业研究上，国内学者在 20 世纪末就提出了“海洋新兴产业”一词。随着中国对发展海洋经济的日益重视，海洋新兴产业研究已成为海洋经济学领域的一个热点。国内研究既有对海洋新兴产业进行整体性探索，也有对特定海洋新兴产业进行具体分析。宁凌等（2012）根据海洋战略性新兴产业的特性概括归纳出海洋战略性新兴产业的选择准则体系；于婧等（2013）利用灰色系统理论，以山东半岛蓝色经济区为研究对象，构建海洋主导新兴产业评价体系，选择该区域的海洋主导新兴产业；宁凌等（2014）根据赫希曼的产业关联度标准，利用灰色系统理论，采用灰色关联分析法，分析中国海洋战略性新兴产业的选择；袁象等（2015）从加大对战略性海洋新兴产业重要性的宣传力度、建立健全海洋科技创新体系、完善海洋金融投融资体制、注重海洋生态环境保护四个方面阐述了促进上海发展战略性海洋新兴产业的对策；宁凌等（2017）基于CiteSpaceⅢ可视化文献分析工具和Excel数据统计对25年以来中国海洋新兴产业研究特征进行了分析；刘明等（2012）从资金投入、建立产业集群、建立多元化的投融资体制、培养高素质的创新人才以及加强国际合作等角度，探讨中国战略性海洋新兴产业的发展对策。

在海洋产业集聚研究上，虽然海洋产业集聚与区域经济相关关系的研究起步较晚，但仍有很多国内学者对此进行了深入的研究。于谨凯等（2009）运用海港区位理论，对海洋产业布局与海洋产业结构进行了实证分析；陈志强（2006）、任博英（2010）、刘聿铭（2012）、姜旭朝等（2012）以国内各个地区为例，分析了海洋产业集聚与区域经济之间的关系，认为海洋产业集聚与区域经济之间存在互相促进的作用；朱念（2010）、傅远佳（2011）、陈琳（2012）运用耦合的方法，探讨了海洋产业集聚与区域经济之间的耦合关系，得出海洋经济集聚有利于促进区域经济增长的结论；应庚谚等（2014）采用灰色关联度测算方法，研究了长三角地区海洋集聚与陆域经济协同演进的状况，发现长三角地区海洋产业集聚与陆域经济的协同性总体较好，但存在地区差异；刘海楠等（2011）应用区域空间差异程度的定量分析方法与模型，分析了环渤海四省市主要海洋产业的空间集聚与扩散程度，总结出它们发展海洋经济的异同。

在海洋产业结构研究上，海洋产业是海洋经济的基础，海洋产业结构演进是海洋经济经量变到质变的发展过程。近年来，海洋产业结构与海洋经济增长、海洋产业结构与布局、海洋产业结构分析方法是国内学者研究的核心领域与主体内容。关于海洋产业结构与海洋经济增长，王端岚（2013）、张岑等（2015）认为海洋产业结构变化对推动海洋经济增长具有重要作用；王玲玲等（2013）认为海洋产业结构与海洋经济增长存在长期稳定的均衡关系，海洋二、三产业的发展促进了海洋经济增长；于梦璇等（2016）认为海洋产业结构调整是海洋经济增长的结果，只有改变要素投入报酬率，才能从根本上为海洋经济增长提供持续动力；狄乾斌等（2014）认为海洋产业结构的变动与海洋经济增长具有显著的正向关系且匹配关系合理；栾维新等（2015）在分析中国海洋经济及产业结构现状的基础上，深入研究中国海洋产业结构的演变趋势，结合中国海洋三次产业的发展前景，判断中国理想的海洋产业结构的演变趋势为第二产业主导的“二、三、一”模式。关于海洋产业结构与布局，赵昕等（2009）、于谨凯等（2009）以全国海洋产业结构与布局的战略为标靶，关注海洋产业发展前景（含趋势与总量）；马仁锋等（2013）揭示了海洋产业结构演进规律与陆域产业结构演进差异，初步提出海洋产业布局演化的“均匀—点状—点轴”三阶段规律及影响因子；刘大海等（2011）、李彬等（2011）、韩增林等（2011）对海洋产业结构与布局调整战略的政策支撑进行了探讨；黄蔚艳（2009）、殷为华等（2011）研究了全球海洋经济新背景下中国海洋产业转型战略；宋瑞敏等（2011）、叶波等（2011）、马仁锋等（2012）对沿海省份海洋产业结构升级与布局合理化的战略进行探讨，并提出了对策建议。关于海洋产业结构分析方法，王丹等（2010）基于产业功能的角度，应用主成分分析法分析了辽宁省1997年、2006年海洋经济产业功能结构，总结出辽宁省海洋经济产业功能结构演变模式；王桂银等（2011）运用shift-share方法，对福建省海洋产业部门进行份额偏离分量、结构偏离分量和竞争力偏离分量的综合比较分析；王婷婷（2012）运用灰色系统理论，分别从上海海洋产业结构发展、上海各海洋产业发展关联性，以及上海海洋产业发展决策三方面进行实证分析；宁凌等（2014）根据赫希曼的产业关联度标准，采用灰色关联分析法，分析海洋三次产业与海洋经济之间的关联、海洋第二产业和海洋第三产业的亚产业与海洋经济的关联度；杜军等（2014）运用“三轴图”分析法和GRA分析法分别分析中国海洋产业结构的演进过程以及中国海洋产业中的主导产业；王波等（2017）基于VES生产函数建立了以海洋产业结构为门槛变量的估计模型，探究海洋产业结构变动对海洋经济增长的影响。

1.2.4 海洋经济竞争力研究

海洋经济已经成为沿海地区经济发展的重要组成部分，沿海地区在激烈的市场竞争中如何取得竞争优势，科学的理论指导思想，准确把握其构成因素和特征是沿海地区提升其海洋经济竞争力的先决条件。在海洋经济竞争力研究上，中国学者构建了一套较为完善的海洋经济区域竞争力测度框架和指标体系，既可充实相关研究，又可为当前中国及沿海各地海洋经济发展提供科学指导。伍业锋（2006）构建了一套包含219项指标的海洋经济竞争力评价指标体系；殷克东等（2010）从海洋产业人力资源等4个维度选择17个指标构建了海洋产业竞争力测度模型，并对沿海地区2002~2006年的竞争力进行了评价；谭晓岚（2011）从理论上对蓝色经济竞争力的评价框架进行了探索，力图构建包括微观、中观和宏观层面的立体式蓝色经济竞争力评价体系；胡博（2011）从海洋经济业绩竞争力等3个方面选择了32项指标，对福建沿海6区市进行了评价；刘大海等（2011）从科技水平、经济状况、制度背景、资源禀赋、资本实力和劳动力素质等方面，构建了区域海洋产业竞争力评估指标体系，选取主成分分析法作为定量评价方法，对中国沿海省市的区域海洋产业竞争力进行定量评估及比较；刘强等（2012）从海洋经济发展规模、海洋经济推动力因素、海洋科技水平、海洋生态环境四个方面，提出了海洋经济综合竞争力评价指标体系，并运用因子分析法对沿海地区海洋经济综合竞争力进行了评价；李娜（2012）采用层次分析法，以长三角沿海城市为地域研究单元，进行海洋经济竞争力评价，并从产业结构和行业优势等方面分析长三角各地区海洋产业发展态势；王双（2013）在确立具体衡量要素的基础上，构建了海洋经济竞争力的评价指标，利用 DEA 方法对中国主要海洋经济区的海洋经济竞争力进行了综合比较分析，并进一步剖析了影响海洋经济竞争力的主要因素；国川等（2014）选取 12 项指标构建海洋经济综合竞争力评价指标体系，运用主成分分析法计算了 11 个地区在 3 个年份的主成分综合得分及排名，旨在对各地区海洋经济发展情况进行比较研究；王晓艳（2015）运用 BP 神经网络的相关理论采用定性与定量的方法对中国沿海 11 省市区的海洋经济竞争力进行了相应的评价和研究；刘明(2017)在海洋经济综合竞争力内涵的基础上，深入分析影响中国海洋经济综合竞争力的主要因素，构建了包括海洋资源禀赋、海洋经济发展能力、地方宏观环境以及海洋环境保护能力 4 个二级指标的中国沿海地区海洋经济综合竞争力评价指标体系。

1.3　江苏省海洋经济发展研究进展

2009 年以来，江苏省加快实施沿海开发战略，海洋经济取得长足发展，已成为国民经济重要增长点。随着海洋强省战略的不断实施，江苏省海洋经济发展得到了学者们越来越多的关注。

1.3.1　海洋经济研究

2000 年以来，海洋经济已经成为拉动江苏省经济发展、构建开放型经济的有力引擎。特别是江苏省沿海开发上升为国家战略以来，关于江苏省海洋经济的研究更是不断涌现。吴明忠等（2009）利用定量方法，从静态和动态两个方面实证分析了江苏省海洋经济对区域经济发展的影响程度，得出如下结论：江苏省海洋产业对地区经济增长有显著的促进作用，江苏省海洋产业每增长 1%，将推动全省 GDP 增长 7.3%，使全省 GDP 增长 60.03 亿元；潘抒灵（2011）在对海域争端、海洋资源、海洋科技等影响江苏省海洋经济发展因素分析的基础上，提出完善海洋管理体系、促进科技成果产业化、发展海洋文化的建议；常玉苗（2012）分析了江苏省海洋经济演进历程，提出要加强海洋意识、扩大海洋规模，组建港口群建设现代化综合大港，发展新兴海洋产业，完善政策支持、促进海洋科技进步等政策建议；王银银（2016）分析了江苏省海洋经济系统形成的动态有序的耗散结构，认为江苏省必须积极探索空间开发战略，以现代海洋产业体系建设和发展转型升级为主线，调整并优化海洋产业结构，加大海洋科技人才培养力度，实施海洋生态环境保护措施；陈镐（2017）建立了基于主成分分析和 CCR、BCC 数据包络分析的海洋经济增长质量评价模型，并对近年来江苏省海洋经济增长质量进行了量化综合评估。

1.3.2 海洋产业研究

海洋产业是海洋经济的构成主体和基础，是具有同一属性的海洋经济活动的集合，也是海洋经济存在和发展的前提条件。为此，国内学者开展了深入而卓有成效的研究。

关于海洋产业优化，江苏省海洋产业的发展历程表明，影响江苏省海洋产业优化升级的主要因素包括：陆海统筹机制与体制不完善、海洋科技产业化程度低、涉海企业竞争能力弱、缺乏海陆连接枢纽等（陈长江，2013）。当前，江苏省存在海洋经济总量规模不大，海洋第三产业比重偏低；海洋优势产业少，海洋产业存在同质化发展问题；海洋环境总体质量下降，海洋生态平衡问题突出；海洋科技发展缺少专项资金支持，科技优势未能有效发挥等一些重要问题（邱宇等，2013a）；王丽椰等（2009）通过对江苏省海洋科技现状特点及存在的问题进行分析，从发展海洋科技的资金投入、人才队伍、研发平台和管理等方面探讨了制约江苏省海洋科技进一步发展中的瓶颈。

关于海洋产业发展建议与对策，唐正康（2011）认为江苏省必须注重海洋基础产业，发展战略性海洋新兴产业，促进海洋产业结构竞争力提高和海洋经济可持续发展；胡俊峰（2011）按价值链纵向延伸模式、横向拓宽模式和网络结构模式，对各价值链驱动主导产业的延展与深化模式进行分析，在此基础上从系统增值角度提出江苏省海洋产业价值链的管理对策；刘波（2011）以江苏省海洋资源开发现状为基础，立足海洋资源综合开发的优势条件，构建了海水养殖业、海洋食品业、海洋医药业、海滨旅游、港口物流等海洋资源综合开发的优化路径；张颖等（2014）从产业基础的角度上分析，江苏省海洋经济的创新发展，拟将重点推动海水淡化和海洋装备产业，并针对江苏省海洋产业现阶段发展的特点，提出了相应的金融支持建议；赵巍等（2014）在借鉴国内外发展经验的基础上，结合江苏省海洋产业金融支持现状，建议从组织、供给、保障、法律、服务五个部分建立江苏省海洋产业金融体系；陈丽（2017）分析了江苏省海洋经济发展的产业结构、空间分布特征，提出了江苏省沿海地区以海洋经济为导向的深化产业结构调整、实现海洋经济高级化，构建“倒 E 型”海洋经济空间结构，促进陆海统筹、发展“交汇点”经济，构建绿色产业体系、谋划绿色产业布局等产业及空间结构优化对策。

1.3.3 海洋经济发展战略研究

随着沿海地区的开发开放，海洋在江苏省经济发展中起到了举足轻重的作用。

关于海洋经济发展战略选择，于文金等（2009）探讨了江苏省海洋经济发展战略的选择，提出南北并进、江海联动、海陆互补、东进西联的海洋发展战略；蒋昭侠（2010）从江苏省沿海经济发展国家意义的层面，探讨融入世界经济大格局、落实国家的海洋发展战略，填平沿海洼地、实现国家沿海经济版图连续完整，推动区域协调发展、促进国家生产力布局的沿海经济发展战略的新取向；蔡柏良等（2014）从海洋经济载体的角度入手，提出借鉴国内外载体形式，从政府、载体两个层面给出江苏省发展海洋经济的对策建议；钱伟等（2016）通过对江苏省发展海洋经济的区域优势条件、不利因素及外部环境提供的机遇与威胁的分析，通过应用 SWOT 决策模型和战略决策研究方法，进行不同策略组合的分析和选择，形成江苏省海洋经济发展的战略。

关于融入“一带一路”倡议，李俊生（2015）认为江苏省要利用“一带一路”倡议，推动海洋经济产业结构的升级转型，打造海陆空一体化交通网络，推进投资与贸易便利化改革，建立海洋生态屏障；陈丽等（2017）从空间指向、对外合作方式、主导力量、参与主体等方面分析了“一带一路”倡议内涵的转变，并针对江苏省沿海地区的地理区位、政策条件、资源禀赋和经济发展基础，提出江苏省沿海地区海洋经济产业结构升级、海洋经济空间结构优化、对外合作平台创新、对外合作的空间和产业指向调整、海洋生态保护策略调整的新策略。

关于海洋经济可持续发展战略，由于对江苏省海洋资源的生态特征了解不够、重视不够，江苏省陆海经济的发展已对海洋环境、海洋初级生产力、海洋渔业资源、沿海滩涂湿地环境与资源等良性循环形成相当强的冲击，成为江苏省海洋经济进一步发展的约束因素。沈正平等（2007）从可持续发展原理出发，通过分析江苏省海岸带的特点及其开发利用现状与存在问题，提出了实施可持续发展的战略选择以及所应采取的主要措施；刘骥（2008）以可持续发展为基础，对影响江苏省海洋经济可持续发展的因素进行分析后，认为海洋资源与环境系统因素、海洋经济系统因素和海洋智力系统因素，只有三方面同时得到发展，才能实现海洋经济的可持续发展；黄萍等（2008）结合 1996~2005 年江苏省海洋经济和区域经济发展的历史数据，对江苏省海洋经济可持续发展进行了实证分析，结果表明江苏省海洋经济可持续发展的总体能力在逐年稳步提升；

王芳等（2009）依据滩涂自然属性，考虑社会、经济、资源组合、技术等因素，本着可持续发展的原则，对各模式在开发中的优劣势及易出现问题进行了识别，对区域适宜滩涂开发模式进行了探讨；顾云娟等（2014）通过分析江苏省海洋经济核算的现状，指出了现有核算未体现生态、自然、环保等要素的不全面性，并提出了开展绿色海洋经济（GOP）核算的内容、方法及保障措施；肖侠等（2017）通过分析江苏省海洋生态环境的现状及其海洋生态补偿机制建设中存在的问题，提出了建立健全江苏省海洋生态补偿机制的对策建议。

关于陆海统筹战略，成长春（2012）指出陆海兼备、滨江临海是江苏省典型的地缘优势，也是经济继续保持强劲发展的潜力和希望所在，江苏省要增强海洋意识，坚持陆海统筹，优化海洋开发空间布局；常玉苗等（2012b）采用灰色关联分析法研究了江苏省经济与陆地和海洋产业的关联效应，结果显示，江苏省经济与海洋产业的关联度远远低于陆地产业，海洋三产与陆地三产的关联度最大、海洋二产与陆地二产的关联度最小；邱宇等（2013）认为江苏省海洋经济与区域经济之间存在一定的格兰杰（Granger）因果关系和长期均衡关系，区域经济发展是海洋经济提高的 Granger 原因，海洋经济的变动对区域经济发展的影响作用尚不显著。

关于海洋强省战略，蔡柏良（2015）基于江苏省海洋经济发展的条件、发展现状及存在问题，建构了“十三五”海洋经济发展目标，提出以六大示范（实验）区为平台、六大基地为载体、六大工程为引擎，全面提升海洋强省重大战略载体支撑和服务功能的战略构想；刘增涛（2016）认为“十三五”时期，江苏省的海洋强省工作要认真落实国家重大战略部署，拓展蓝色经济空间，大力推进海洋生态文明建设，要在进一步完善沿海地区基础设施的同时，加快海洋产业发展，加强海洋环境保护，扩大对内对外开放，使沿海地区成为江苏省经济发展新的增长极。

1.3.4　海洋经济分析方法研究

在海洋经济分析方法层面，国内许多学者从不同角度、不同领域研究了海洋经济的推动和加速作用，区域经济重心、专业化指数、主成分分析、灰色关联、动态偏离-份额分析、GIS 空间分析、统计计量等方法广为运用。吴明忠等（2009）运用计量方法，分析了海洋经济对江苏省经济的贡献和推动力效应，指出海洋经济对江苏省经济发展的贡献呈现逐步扩大趋势；于文金等（2009）从江苏省海洋产业发展现状出发，利用主成分分析法和集聚法对江苏省海岸带产业进行了分类；黄萍等（2010）应用灰色关联理论，对江苏省海洋产业发展进行了关联度分析，在上述分析的基础上提出了江苏省海洋产业发展的几点对策；陈长江等（2013）通过灰色关联分析方法，对江苏省主要海洋产业与沿海区域经济发展的相关性进行了定量分析；常玉苗等（2012a）利用主成分 TOPSIS 法进行得分排序，评价出江苏省在海洋资源丰度、海洋人力资源、海洋科技、主要海洋产业活动、海洋经济等各分类竞争力和海洋产业综合竞争力；贾明瑶等（2012）以县域为基本单元，运用区域经济重心、泰尔指数以及专业化指数，分析探索 2000 年以来江苏省海洋经济时空差异演变；胡俊峰（2011）探讨了海洋价值链的延展和深化的各种模式，并通过灰色关联法计算了江苏省海洋价值链的实际关联情况；刘剑等（2013）通过定量分析与定性分析相结合，运用 GIS 空间分析，评价各县区海洋渔业、海洋盐业、海洋化工业、海洋生物医药业、海洋交通运输业和滨海旅游业等资源依赖性海洋产业的立地条件；陈艳萍等（2014）通过构建海洋产业综合实力评价指标体系，运用主成分分析法分析了江苏省海洋产业与海洋产业发达省份的差距；翟仁祥（2014）基于“压力-状态-响应”框架，采用多元层次分析法，从海洋经济系统敏感性和适应性两个层次建立江苏省海洋带经济与环境系统协调发展评价模型；洪爱梅等（2015）采用动态偏离-份额分析法，从全国海洋、江苏省域及沿海三市的视角，分析了 2001~2012 年江苏省海洋产业结构变动对海洋经济增长的影响，发现江苏省海洋产业竞争力优势很强，但结构优势不明显；尹庆民等（2016）从自然、经济、社会、交通运网 4 个方面梳理了影响港口岸线资源价值的主要因素，选取了最具影响力的 8 个价值评估指标，运用实物期权的定价方法，构建了江苏省港口岸线资源期权定价模型研究。

1.4　海洋经济发展研究述评

虽然国外对海洋经济发展进程、海洋经济带动效应、海洋经济可持续发展与海洋经济研究方法等方面，特别是海洋经济发展战略进行研究的文献较少，但国外有关海洋经济发展研究的文献对理清海洋经济发展具有重要的参考价值。

国内对于海洋经济发展研究，基本上集中在海洋经济发展战略、海洋经济带动效应、海洋产业经济、海洋产业结构、海洋经济竞争力等几个方面。在海洋经济发展战略研究上，20 世纪 90 年代之后，越来越多的学者主要关注海洋强国（省）战略、陆海统筹战略及海洋经济可持续发展能力评价指标体系的构建；在海洋经济带动效应上，一些研究主要采用了产值份额、海洋产业影响系数和波及效果、贡献率和拉动效应、空间面板回归和面板向量自回归模型等；在海洋产业经济上，研究的焦点主要集中在海洋主导产业选择、海洋新兴产业、海洋产业集聚、海洋产业结构演变等问题上；在海洋经济分析方法上，这些研究主要采用了主成分分析法、集聚法、灰色关联分析法、区域经济重心法、泰尔指数、多元层次分析法、GIS 空间分析法、动态偏离-份额分析法、实物期权定价法等；在海洋经济竞争力上，学者构建了一套较为完善的海洋经济区域竞争力测度框架和指标体系，既可充实相关研究，又可为当前中国及沿海各地海洋经济发展提供科学指导。展望未来，为促进中国海洋经济研究的进一步发展，要完善现代海洋产业理论体系，要注重海洋战略性新兴产业研究，要深化海洋可持续发展研究。

第2章 海洋经济发展基本理论

2.1 海洋主导产业选择理论

2.1.1 海洋经济的概念

“海洋经济”一词的诞生，是随着20世纪60年代以来，地球上大陆资源的衰竭、生态环境的恶化、人类对海洋资源价值的发现、海洋科学技术的进步、海洋经济地位的提高而诞生的。海洋经济概念及内涵最早是美国学者杰拉尔德·J. 曼贡，20世纪70年代初，在《美国海洋政策》一书中首先提出的。此后，国内外一些学者、政府部门和研究机构都对海洋经济概念进行过研究。Colgan认为海洋经济是指把海洋作为生产活动的一种资本的经济活动或由于地理区位的影响在海洋上或海洋底下的经济活动；新西兰海洋经济统计报告中指出海洋经济是既有产业，也有地理因素的一种经济活动，它包括那些发生在海洋环境下或利用海洋资源，或对这些活动提供必需的商品和服务的经济活动；而美国皮尤海洋委员会则给出一个更为宽泛的海洋经济概念，即认为海洋经济系直接依赖于海洋属性的经济。可见，国外将海洋经济作为一种经济活动，而这种活动与海洋或资源紧密相连，或者说，海洋经济是很大程度上受海洋或其资源影响的经济活动，其投入要素一定包含了海洋资源。

在中国，海洋经济概念的提出，经历了一个相对漫长的过程，20世纪70年代后期，经济学家于光远等提出为了促进中国海洋事业的有效发展，应该开展一系列的海洋经济研究，并第一次提出建立“海洋经济”学科，设立专门的海洋研究机构（韩增林和狄乾斌，2011a）。20世纪80年代，张海峰（1982）对中国海洋国际问题研究会组织的关于“海洋经济”讨论会上有关文件和发言稿进行了梳理和总结，编写论文集《中国海洋经济研究》，论文集的出版标志着中国真正开始海洋经济理论研究。程福祜和何宏权（1982）认为海洋经济是人类在海洋中及以海洋资源为对象的社会生产、交换、分配和消费活动。杨金森（1984）认为海洋经济是以海洋为活动场所或以海洋资源为开发对象的各种经济活动的总和。20世纪90年代，徐质斌（1995）认为海洋经济是产品的投入与产出、需求与供给，与海洋资源、海洋空间、海洋环境条件直接或间接相关的经济活动的总称。陈万灵（1998）在《关于海洋经济的理论界定》中认为海洋经济不能只局限于海洋渔业经济，海洋经济就是指为了满足人类对海洋的需要，对海洋及其空间范围内一切海洋资源进行合理开发和利用的经济活动。21世纪，徐质斌（2003）又将海洋经济定义为活动场所、资源依托、销售或服务对象、区位选择和初级产品原料对海洋有特定依存关系的各种经济的总称。陈可文（2003）认为海洋经济与海洋相关联的本质属性是海洋经济区别于陆域经济的分界点，也是界定海洋经济内容的主要依据，按照经济活动与海洋的关联程度，可以将海洋经济划分为狭义海洋经济、广义海洋经济、泛义海洋经济三个层次。曹忠祥（2005）认为不能只从资源经济的角度来定义海洋经济的本质，海洋经济应该是沿海区域资源经济、产业经济和滨海区域经济三者的有机综合，提出海洋经济是指一定的经济理论条件下，对海洋资源和海洋空间进行科学、系统的开发利用，以生产物质和进行相关经济活动的总和。

一般认为现代海洋经济包括为开发海洋资源和依赖海洋空间而进行的生产活动，以及直接或间接开发海洋资源及空间的相关产业活动，由这样一些产业活动形成的经济集合均被视为现代海洋经济范畴。主要包括海洋渔业、海洋交通运输业、海洋船舶工业、海洋盐业、海洋油气业、滨海旅游业等。2003 年 5 月中国国务院发布的《全国海洋经济发展规划纲要》给出了一个政府认可的相对权威的海洋经济定义，认为海洋经济是开发利用海洋的各类海洋产业及相关经济活动的总和（图 2-1）。因此，国内海洋经济的概念主流观点就是指与海洋相关的经济内容，无论是直接还是间接相关都称为海洋经济。既包括以海洋资源和海洋空间为基本生产要素的生产和服务活动，也包括不依赖海洋资源和海洋空间，但直接为其他海洋产业服务的经济活动。

2.1.2 海洋产业

20 世纪 90 年代前，中国学者对海洋产业的研究更多偏重于传统海洋渔业、海洋港口业和海洋运输业等传统海洋产业上，忽略了海洋产业总体的研究。国家海洋局于 1999 年发布实施的海洋行业标准中提出：海洋产业是人类利用和开发海洋、海岸带资源所进行的生产和服务活动。徐质斌（1999）结合海洋资产与海洋产业化经营等概念，提出海洋产业是合理地开发、利用海洋资源而形成的各种产业部门的整体，是一个种类繁多、规模庞大的海洋产业群，是海洋经济中的产业体系；21 世纪以来，随着对海洋产业研究的逐步深入，中国一些学者尝试从不同的角度定义海洋产业。孙斌等（2000）认为海洋产业是指开发、利用和保护海洋资源而形成的各种物质生产部门的总和，包括海洋捕捞、海洋盐业、海洋水产养殖业和海上运输业等物质生产部门和滨海旅游、海上机场、海底贮藏库等非物质生产部门；陈本良（2000）认为海洋产业是围绕着海洋资源开发活动而形成的物质生产和非物质生产事业，是海洋经济的重要内容；王

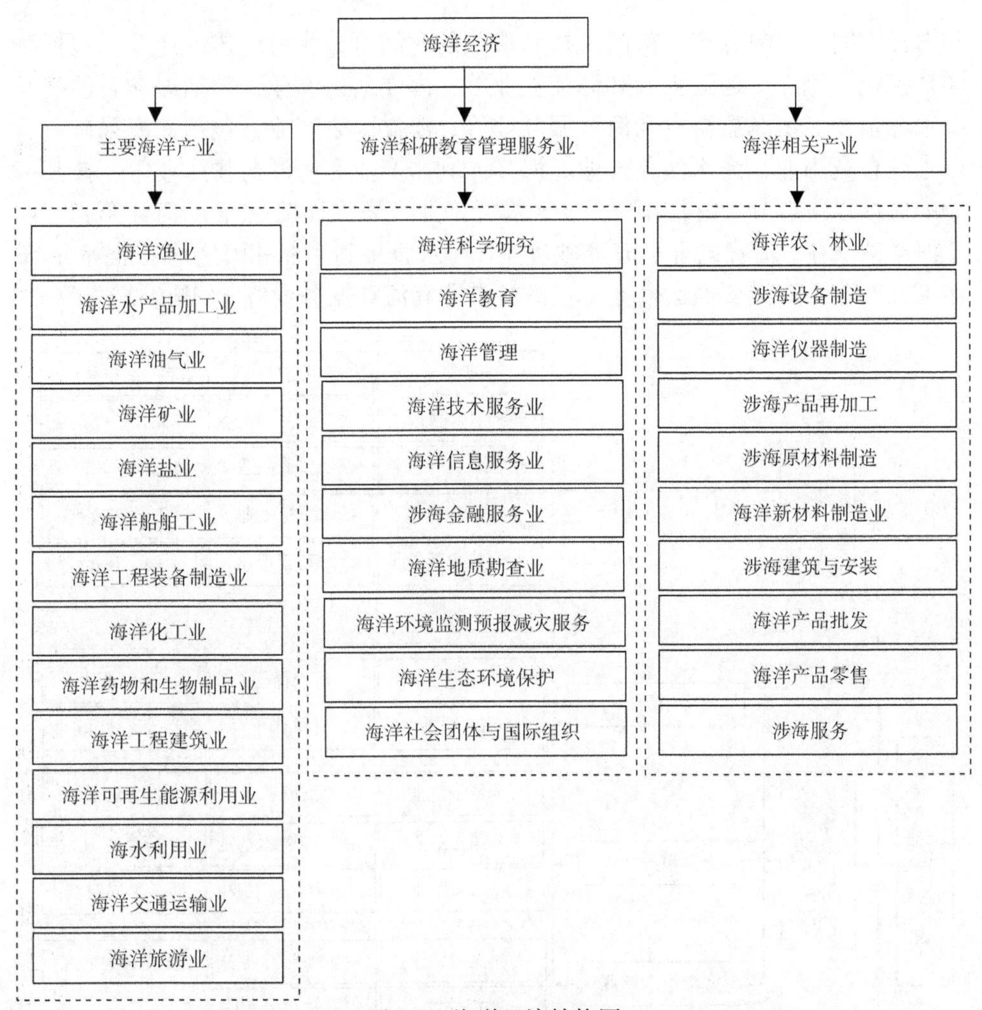

图 2-1　海洋经济结构图

资料来源：第一次全国海洋经济调查领导小组办公室. 2017.第一次全国海洋经济调查（海洋及相关产业分类）. 北京:海洋出版社

海英（2002）认为海洋产业是把海洋高新技术与海洋产业相结合，以海洋资源为开发对象的各种海洋产业，也包括海陆相关的产业；陈可文（2004）认为海洋产业是合理开发海洋空间和持续利用海洋资源所产生的生产产业，海洋产业是海洋经济发展的助推器，是产生绿色 GDP 的主要动力，海洋资源在海洋产业的助推下才能更好地发展海洋经济；韩立民（2007）认为海洋产业指具有同一属性的海洋企业或组织的集合，属中观经济范畴，体现的是人与自然界的生产关系。

综上所述，海洋产业（marine industry）是指以开发、利用和保护海洋资源和海洋空间为对象的产业部门。按其形成的时间可分为海洋传统产业，包括海洋捕捞业、海洋交通运输业和海洋盐业等；海洋新兴产业，包括海洋石油业、海水养殖业、滨海旅游业和海洋服务业等；海洋未来产业，包括深海采矿业、海水综合利用业、海水淡化产业、海洋能利用产业和海洋药物产业等。按其产业的属性也可以分为海洋第一产业（海洋渔业和海涂种植业等）；海洋第二产业（海洋油气业、海洋盐业、海滨砂矿业、海水直接利用业和海洋药物业等）；海洋第三产业（海洋交通运输业、滨海旅游业和海洋服务业等）（图 2-2）。

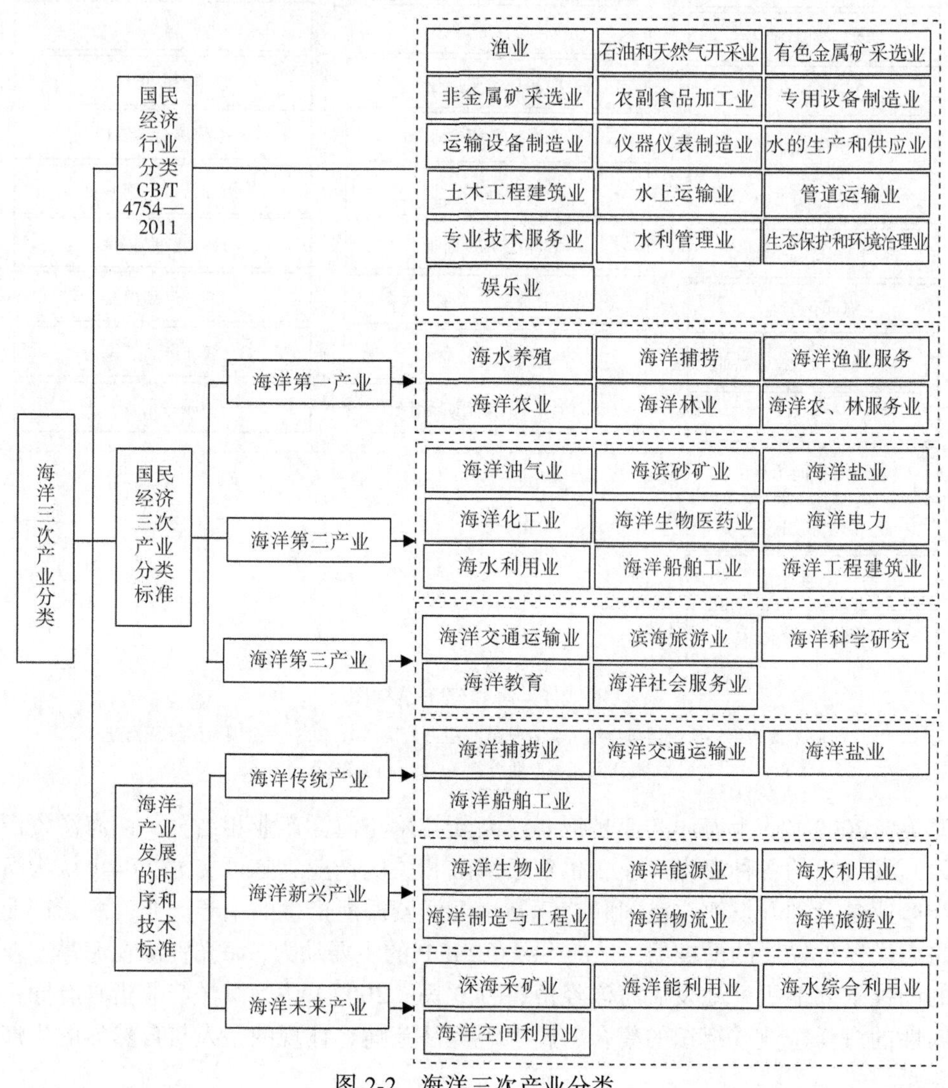

图 2-2　海洋三次产业分类

2.1.3　海洋主导产业

主导产业的概念源于区域经济，指在产业结构中处于主要的支配地位，比重较大、综合效益较高、与其他产业关联度高、对国民经济的驱动作用较大、具有较大的增长潜力的产业。海洋经济是以海洋资源为原材料、空间载体、作业对象等角色参与经济活动的统称，其资源的多样性决定了海洋经济产业的复杂性，从产业范围看应包括国民经济各个行业，覆盖国民经济的一、二、三产业，海洋主导产业是指那些产值占有一定比重、采用了先进技术、增长率高、产业关联度强、对其他海洋及相关产业和整个区域海洋经济发展有较强带动作用的产业。从量的方面看，是在海洋经济总产出中占有较大比重或者将来有可能占有较大比重的产业部门；从质的方面看，是在整个海洋经济体系中占有举足轻重的地位，能够对海洋经济增长的速度与质量产生决定性影响，其较小的发展变化足以带动其他产业和整个海洋经济变化，从而引起经济高涨的产业部门。

2.1.4　海洋主导产业选择基准

1. 艾伯特·赫希曼基准

1958 年，美国经济学家艾伯特·赫希曼在他的著作《经济发展战略》一书中提出了主导产业选择的基准。他认为产业关联效应可以促进资本积累并带动市场取得更大的效益。产业关联度是指各产业在投入产出上的相关程度。产业关联度高的产业对其他产业会产生较强的后向关联、前向关联、旁侧关联，选择这些产业为主导产业，可以促进整个产业的发展。在赫希曼看来，后向关联比前向关联更为重要，从而使他的选择理论有更大的倾斜性。赫希曼认为，一个行业之所以能够生存，必须是事先已形成某种需求的结果，中间的或基本行业的产品，除直接分配于最终需要外，还分配于其他许多部门作为投入。由此看来，产业关联度基准的理论含义也是十分清楚的，政府应当优先扶持那些产业关联度高，能带动其他产业发展的海洋产业作为海洋主导产业，加以培育和扶持（表 2-1）。

表 2-1　海洋主导产业选择的指标体系

判别基准	具体指标
市场潜力基准	需求收入弹性
海洋产业关联度基准	影响力系数 感应度系数
生产率上升率基准	海洋技术进步贡献率
动态比较优势基准	区内增加值比重 区位熵

续表

判别基准	具体指标
可持续发展基准	成本费用利用率
	资源能源完全消耗系数

资料来源：刘堃，周海霞，相明. 2012. 区域海洋主导产业选择的理论分析. 太平洋学报, 20(3): 58-65.

2. 罗斯托基准

主导产业选择决策者在不同的经济发展阶段，决策的目标也不同。罗斯托在解释现代经济增长的历史和本质时发现，经济增长总是首先发生在某个部门——主导部门或主导产业群。他率先运用部门总量的分析方法，得出了经济成长阶段的依次更替与经济部门重要性的依次变化之间的关系的结论。罗斯托认为，主导部门不仅本身具有高的增长率，而且能带动其他部门的经济增长，经济成长阶段的更替就表现为主导部门序列的变化。后来，罗斯托把主导部门的扩展效应分为回顾影响、旁侧影响、前瞻影响，并认为这三种扩散效应是主导部门的关键。提出一个新部门可以视为主导部门是因为这个部门在这段时间里，不仅增长势头很快，而且还要达到显著的规模；这段时间也是该部门的回顾和旁侧效应渗透到整个经济的时间。由此看来，根据罗斯托基准，海洋主导产业应该具有高增长率、强扩散效应和大规模的特点。

3. 筱原基准

1957年，筱原三代平为规划日本产业结构，提出了选择主导产业的两条重要基准：即收入弹性基准和生产率上升基准。显然，随着人均国民收入的增长，收入弹性高的产品在产业结构中的比重将逐渐提高，选择这些产业为重点产业，符合产业结构的演变方向。生产率上升基准，它以生产率上升较快作为主导产业的选择基准。生产率上升基准的理论含义亦很鲜明，就是要优先发展代表先进技术和较高经济效益的产业。这两个基准的提出，使主导产业政策具有了坚实的理论基础和明确的行动指南，据此选择海洋主导产业，并通过政府的产业政策促进其发展，可望带动整个经济的更快发展。

2.2 海洋经济竞争力理论

2.2.1 海洋产业竞争力

产业竞争力理论（industrial competitiveness）是哈佛商学院著名学者迈克

尔·波特教授提出的。产业竞争力，亦称产业国际竞争力，指某国或某一地区的某个特定产业相对于他国或其他地区同一产业在生产效率、满足市场需求、持续获利等方面所体现的竞争能力。海洋产业竞争力是指某国或某一地区海洋产业相对于他国或地区在人才、资本、国际化水平、制度因素、科技水平以及生产效率、满足市场需求、持续获利等方面所体现的竞争能力，体现的是海洋产业的投入产出水平在市场竞争中的比较关系。

2.2.2 海洋经济综合实力

海洋经济综合实力有狭义和广义之分。广义的海洋经济综合实力是海洋经济、海洋资源、海洋环境、社会发展、区域经济、海洋科技等诸多子系统实力之和。狭义的海洋经济实力则仅仅指除去海洋资源、海洋环境、社会发展、区域经济、海洋科技等因子之后的海洋经济的实力，它主要体现在所有海洋产业和海洋相关产业的经济实力之和上，海洋经济综合实力主要指狭义的海洋经济综合实力（表 2-2）。

表 2-2　中国海洋经济综合发展水平测度体系表

子体系	指标	单位	子体系	指标	单位
基础发展水平	地区涉海就业从业人员占比	%	科教发展水平	海洋科研机构从业人员占比	%
	地区海洋经济增加值占比	%		海洋科研机构科技专利授权数	个
	人均海洋产业总产值	元/人		海洋科研机构 R&D 投入占比	%
	海洋产业固定资产投资总额占比	%		海洋专业学生占比	%
	沿海地区海洋货物进出口总额	万元		海洋专业教职工数量占比	%
产业结构发展水平	海洋第一产业贡献度	%	可持续发展水平	入海污水达标率	%
	海洋第二产业贡献度	%		沿海地带工业废水直排入海占比	%
	第三产业增长弹性系数			沿海地区废水治理项目数	个
	海洋经济霍夫曼系数			海洋自然保护区面积数	个

资料来源：苏为华，张崇辉，李伟. 2014. 中国海洋经济综合发展水平的统计测度. 统计与信息论坛，29(10): 19-23.

2.2.3 海洋经济竞争力原理

1. *绝对优势原理*

绝对优势理论又称绝对成本说，是由英国古典经济学派主要代表人物亚当·斯密在他 1776 年出版的代表作《国富论》中系统提出的。他认为国家之间存在的劳动生产率和生产成本的绝对差别是国际贸易和国际分工得以形成的原因和基础。如果一国生产某种商品所需要的资源少于其他国家生产同种商品所需要的资源，则该国就具有生产该种商品的绝对成本优势。该理论从劳动分工原理出发，在人类认识史上第一次论证了贸易互利性原理，克服了重商主义者认为国际贸易只是对单方面有利的片面看法。

2. 比较优势原理

比较优势理论是由大卫·李嘉图在其代表作《政治经济学及赋税原理》中提出的，该理论指出：商品的相对价格差异即比较优势是国际贸易的基础；特定国家应专注于生产率相对较高的领域的生产，以交换低生产率领域的商品。后来，赫克歇尔-俄林理论对传统比较优势理论进行了补充，指出国家之间要素禀赋的差异决定着贸易的流动方向。

3. 竞争优势原理

竞争优势（competitive advantage）理论，由哈佛大学商学研究院迈克尔·波特提出，波特的国际竞争优势模型（又称钻石模型）包括四种本国的决定因素（country specific determinants）和两种外部力量。四种本国的决定因素包括要素条件，需求条件，相关及支持企业，公司的战略、组织以及竞争。两种外部力量是随机事件和政府（图 2-3）。

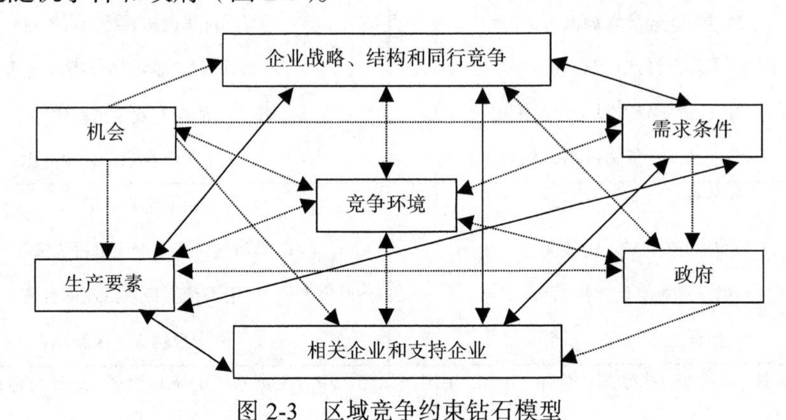

图 2-3　区域竞争约束钻石模型

2.2.4　海洋经济竞争力的影响因素

海洋经济竞争力是在自然资源、经济、科技及社会文化等多种因素综合作用下形成的。根据波特-邓宁（Porter-Dunning）的理论，结合海洋经济的自身特点和实际，将海洋经济竞争力的因素分为两大类，即核心驱动因素和一般影响因素。核心驱动因素是指对于海洋经济竞争力直接起到根本性、关键性和结构性作用的驱动因素，主要包括海洋高级科技人力和专业人力资源（用 R&D 科学技术专业人才在整个行业从业人员的比重来表示）、海洋科技组织创新能力、海洋军事实力、国家经济力量 4 种核心驱动因素。除了 4 种核心驱动因素外，社会需求、区位条件、资源禀赋、产业组织、政策环境、制度文化和历史基础等对一个地区的海洋经济竞争力也产生重要影响。

2.3　陆海统筹理论

2.3.1　系统论的含义

系统论形成于 20 世纪 30 年代左右，到 60、70 年代逐渐受到重视。根据系统论的观点，任何一个系统都由几个基本要素（子系统）所组成，各个要素（子系统）之间既彼此矛盾、自成一体，又在系统的统一约束下，共同受某种规律所作用，实现彼此之间的联系和运动，从而显示出系统特有的整体功能。按照系统论的角度，世界上任何事物与物质，任何一个自然、社会、经济形态都可以看成是一个完整的系统，系统是普遍存在的。系统论将复杂的自然、社会、经济活动划分为若干处于动态循环状态中的相互联系的各级系统，使得在各个具体单元内部，在有限的资源条件下尽可能发挥出最大效益，表现出系统独特的整体优势。

2.3.2　陆海复合系统的内涵

根据系统论的基本观点，海陆经济一体化的实质是通过对构成海陆产业巨系统的子系统的调控管理而达到整体协调状态（图 2-4）。根据海陆生产对象及其空间区位特征的差异，构建由海洋产业子系统和陆域产业子系统构成的海陆经济一体化系统。海陆经济一体化是把分散的海洋产业系统和陆域产业系统统一起来，通过海陆产业系统内部生产要素的自由流动，实现海陆产业关联，进行生产资料集中优化配置，节省生产成本，实现规模经济效益。因此，海陆经济一体化系统是海洋产业子系统和陆域产业子系统的函数。

陆海复合系统是以海岸带为载体，由陆域和海域两个相对独立子系统及其要素构成，通过子系统及其要素之间相互作用、相互影响、彼此依赖和彼此制衡而形成的，具有一定结构和功能特点的复合巨系统。按照复合系统的一般概念模型，陆海复合系统可以表达为

$$\text{LMCS}=\{L,M,R,T\}$$

$$L=\{x_1,y_1,z_1,w_1,r_1,t_1\}$$

$$M=\{x_2,y_2,z_2,w_2,r_2,t_2\}$$

式中，LMCS 为陆海复合系统；L 表示陆域子系统；M 表示海域子系统；x_i,y_i,z_i,w_i 分别表示经济、社会、资源、环境分系统；$R(r_i)$为关联向量；$T(t_i)$为时间；i=1,2。

按照系统论的基本原理，任何系统都蕴含着能量，海陆经济一体化系统所包含的能量是由于其内部的海洋产业子系统和陆域产业子系统相互作用所激发出的总势能，且这一总势能大于系统内部海洋产业子系统和陆域产业子系统的能量的机械之和。设 E_s 为海陆经济一体化系统所包含的总势能，E_M 为海洋产业子系统所包含的势能，E_L 为陆域产业子系统所包含的势能，E_o 为二者机械相加之和，即 $E_o=E_M+E_L$，则海陆经济一体化的目标就是追求 $E_s>E_o$，实现经济效益的最大化。

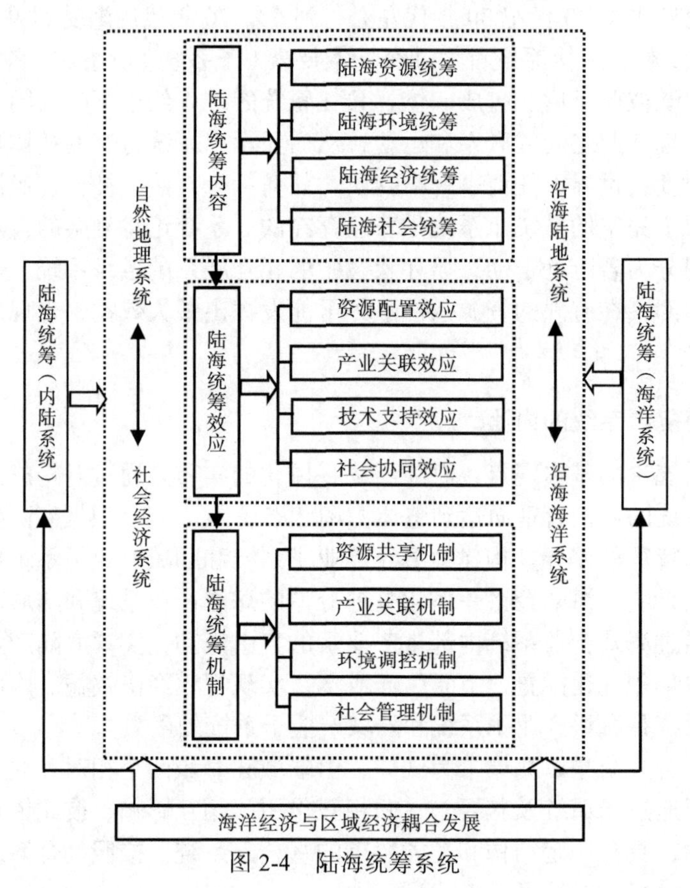

图 2-4　陆海统筹系统

2.3.3　陆海复合系统的特征

陆海复合系统除具有复杂系统的非线性、开放性等一般特性外，还具有以下特性：

（1）差异性。一方面表现为构成陆海复合系统的子系统及其要素之间具有多重质的差异性。这种差异，为系统间某种要素或功能存在融合和互补关系提供了可能性，并且这种融合或互补过程表现出非线性特性。

（2）自组织与人组织并存。陆海复合系统具有自然系统自组织特征，同时也是有人参与的系统。人类活动是系统间能量流动、物质循环和信息传递最具活力的能动因素，是复合系统不断演化的重要驱动力。陆海复合系统实现可持续发展必须保证一个重要的前提，也即是必须通过合理、科学的人为调控，为陆海经济社会发展、资源开发、生态环境保护创造出充分发挥系统自身自组织功能的机会与条件。

（3）多重关联性。陆海两子系统之间的关联关系已经过学者的多次论证（如陆域经济与海洋经济、陆域产业与海洋产业等），陆海复合系统中各子系统及其要素通过相互作用、相互关联而形成一种整体效应，使整体功能远远超出各子系统及其要素机械加总。

（4）动态性。陆海复合系统可持续发展过程是一个连续、动态演化过程。这种动态性一方面表现为系统不断寻求均衡，并从一种均衡向另一种均衡演化的非均衡过程；另一方面表现为系统的整体功能、结构、体制随时间调整与变动。

2.4　海洋经济可持续发展理论

2.4.1　可持续发展的内涵

“可持续发展”一词在国际文件中最早出现于 1980 年由国际自然保护同盟制定的《世界自然保护大纲》，其概念最初源于生态学，指的是对于资源的一种管理战略。其后被广泛应用于经济学和社会学范畴，加入了一些新的内涵，是一个涉及经济、社会、文化、技术和自然环境的综合的动态的概念。在具体内容方面，可持续发展涉及可持续经济、可持续生态和可持续社会三方面的协调统一，要求人类在发展中讲究经济效率、关注生态和谐和追求社会公平，最终达到人的全面发展。可持续发展理论的具体内涵可以概括为三个特性：一是可持续性，即要求人类的社会经济活动必须在自然环境和资源的承载力内进行，不能破坏人与自然之间的平衡；二是可协调性，在发展社会经济的同时注重环境的保护和改善，促进社会经济与环境资源的协调发展；三是公平性，可持续发展是机会均等的发展，要充分考虑各国家、各地区、各社会阶层、当代人和下一代人之间的公平发展机会。

2.4.2　海洋经济可持续发展的内涵

海洋经济可持续发展是可持续发展概念在海洋经济领域的具体体现。其基本内涵是，利用现代科学技术和物质装备手段，适当地选择海洋开发方式和资源利用模式，科学合理地开发利用海洋资源，保护生态环境，使海洋具有长期持续发展的能力，确保当代人及后代人对海洋产品的需求得到满足。即海洋经济发展应建立在海洋生态的持续能力上，保证环境对后人的生存和发展不构成威胁。海洋经济可持续发展概括为三层含义：海洋经济的可持续性是中心，海洋生态系统的可持续性是特征，社会发展的可持续性是目的，三个方面融合统一构成海洋经济可持续发展的内核。对海洋经济系统来说，在一段时期$[t_1,t_2]$内，若以x表示所选择的反映海洋经济发展水平的描述指标，“发展”就意味着“存在t，其时$x_{t+1}>x_t$”；“海洋经济可持续发展”意味着“对于任意的t，都有$x_{t+1}>x_t$成立”，即$x_{t+1}>x_t$，$t\in[t_1,t_2]$。$[t_1,t_2]$为x的定义域，即x作为发展水平指标的时期。海洋经济系统要获得永续发展，自然意味着时间t的不断延伸，当t超越特定的海洋经济可持续发展的定义域$[t_1,t_2]$后，以x为发展指标的海洋经济可持续发展成为不可能。那么这时，以不同于x的指标刻画发展水平的海洋经济可持续发展还是可能的，这就是发展指标转换意义下的海洋经济可持续发展，海洋经济系统在完成一轮海洋经济可持续发展后，在不同发展指标下，开始新的一轮海洋经济可持续发展。

2.4.3　海洋经济可持续发展的复合系统

海洋经济可持续发展是社会经济可持续发展的重要组成部分，它是由诸多因素相互作用、相互制约的结果，是一个动态开放的复杂巨系统（图 2-5）。从系统论的观点来看，海洋经济可持续发展是人与自然、环境交互作用的集中体现，海洋生态、经济、社会要素之间相互作用、相互联系，构成了一个涉及众多因素的复杂开放系统，即典型的海洋生态-经济-社会复合系统（OBES 系统）。除具有大系统整体性、关联性、目的性和环境适应性等特征外，OBES 系统内部结构及子系统之间相互作用机制比一般系统要复杂。海洋经济可持续发展不仅依赖于 OBES 各子系统自身的持续发展，更取决于各子系统之间的协调发展程度。在此系统中，每一个因素都是该系统的一个子系统，其变化经过系统的耦合作用，或者加大系统的变化，或者减小系统的变化，或者系统发生微小的扰动。该系统可以用下述数学函数来表示：

$$R=F(S,E,B)$$

式中，R表示海洋资源持续利用水平；S表示社会因素；E表示经济因素；B表示生态因素。为了清晰起见，假设社会因素保持不变，只探讨生态因素和经济因素相互作用产生的各种耦合关系，RE 表示由于资源开发利用而导致的经济变化率，RB 表示海洋资源开发利用导致的生态变化率。

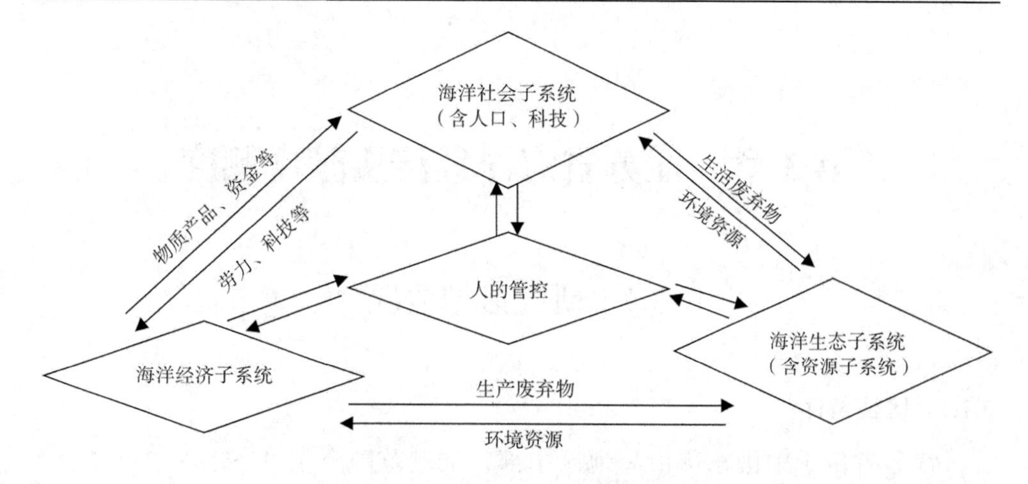

图 2-5　海洋经济可持续发展系统结构模型

第 3 章　江苏省海洋经济贡献度测度

3.1　研究区域概况

3.1.1　区位条件

江苏省位于中国东部沿海地区中部，陆域范围介于 116°18′~121°57′E，30°45′~35°20′N，地处长江、淮河下游，东临黄海，西连安徽省，北接山东省，南与上海市和浙江省毗邻。是我国沿海、沿长江和沿陇海—兰新线三大生产力布局主轴线交会处，“一带一路”、长江经济带和沿海开发三大国家战略叠加区域，发展海洋经济具有独特的区位条件。

3.1.2　资源条件

江苏省沿海地区包括连云港、南通和盐城三市，陆域面积 3.25×10^4km^2，海域北起南黄海海州湾外的平岛（35°08′N），南至长江口北支的苏沪分界线（31°37′N），海域面积约 3.75×10^4km^2，占江苏省国土面积的 37%。海洋资源丰富，综合指数位居全国第 4 位，为海洋经济发展奠定了良好的物质基础（表3-1）。

表 3-1　江苏省海岸类型表　（单位：km）

粉砂淤泥质海岸			砂质海岸		基岩海岸	岛屿岸线
侵蚀	淤泥	稳定	侵蚀	淤泥		
226	571	87	22	8	40	27

资料来源：杨宏忠. 2012. 江苏海岸滩涂资源可持续开发的战略选择. 北京：中国地质大学.

1. 岸线资源

江苏省海岸线长 954km，粉砂淤泥质海岸是最主要的类型，岸线平直，长 884km，占全省岸线总长度的 93%；砂质海岸分布于海州湾北部，岸线长 30km；基岩港湾海岸分布于连云港市，岸线长 40km。19 座基岩岛屿主要分布于连云港附近海区，岛屿岸线长 27km。

2. 海涂资源

江苏省沿海海洋动力地貌条件独特，中部近岸浅海区分布有南北长约200km、东西宽约90km的黄海辐射沙脊群。全省沿海地区滩涂总面积68.74万hm^2，约占全国滩涂总面积的1/4，居全国首位。其中潮上带滩涂面积29.50万hm^2，潮间带滩涂面积26.56万hm^2，含辐射沙脊群区域理论最低潮面以上面积20.18万hm^2，每年仍在向外淤长，是江苏省重要的后备土地资源（表3-2）。

表3-2　江苏省沿海滩涂资源分布　（单位：万hm^2）

区域	滩涂总面积	潮上带		潮间带	辐射沙洲
		已围滩涂	未围滩涂		
沿海地区	68.74	24.25	5.25	26.56	12.69
南通市	13.57	3.89	1.21	8.47	0
盐城市	34.11	14.31	3.67	16.14	0
连云港市	8.37	6.05	0.38	1.95	0

资料来源：杨宏忠. 2012. 江苏海岸滩涂资源可持续开发的战略选择. 北京：中国地质大学.

3. 海洋生物资源

江苏省海域地跨暖温带和北亚热带，水温适中，长江等众多入海河流输送大量营养物质入海，生物生产自然条件较好。近岸海域浮游动植物种类繁多，其中，浮游动物136种，浮游植物197种。近海拥有海州湾渔场、吕四渔场、长江口渔场和大沙渔场等，鱼类150种，贝类87种，海藻84种，文蛤等5种优势种生物量14.5×10^4t。

4. 沿海风能和海洋能资源

江苏省沿海地势平坦，风功率密度较大，沿海岸地区年风功率密度可达100W/m^2以上，部分地区可达150W/m^2，近海大部分海域风功率密度超过350W/m^2，而强台风出现频率较小，适合建设大规模海上风电场。在国家千万千瓦级风电基地规划中，江苏省沿海千万千瓦级风电基地是国家建设的第一个海上风电基地。潮汐能以辐射沙脊群中部海域和长江口北支最为丰富。波浪能以废黄河、射阳河口和弶港以东约200km外海最为丰富。

5. 港口资源

江苏省沿海中部分布有全国首屈一指的海底沙脊群——南黄海辐射沙脊群，面积约2.5×10^4km^2，沙脊群间的深水潮流通道是重要的天然海港港址资源。

由于淤泥质海岸和辐射沙洲内缘等复杂条件下建港技术取得重大突破，可建万吨级泊位的深水岸线 130km^2，条件较好的海港港址有 14 处，其中南通市就拥有建设大型深水港的首选港址两个，东洋口港和启东吕四港，另有盐城的滨海港和大丰港（表 3-3）。

表 3-3　江苏省沿海三市港口岸线条件

港口名称	所属省辖市	建港岸线条件	港口建设规模
连云港	连云港市	基岩海岸深水岸线	可建 30×10^4t 级泊位
灌河口港口群	连云港市 盐城市	灌河河口岸线	可建万吨级以上泊位
滨海港区	盐城市	侵蚀型深水岸线	可建 10×10^4t 级以上泊位
射阳港区	盐城市	建闸河流的河口	可建 $1\times10^4\sim3\times10^4$t 级泊位
大丰港区	盐城市	“西洋槽”潮汐水道	可建 5×10^4t 级以上泊位
洋口港区	南通市	“烂沙洋”潮汐水道	可建 10×10^4t 级以上泊位，规划 20×10^4t 级深水航道
吕四港区	南通市	小庙泓深水航道	可建 5×10^4t 级以上泊位，规划 10×10^4t 级深水航道

6. *滨海旅游资源*

江苏省沿海拥有基岩海岸、沙滩海岸、淤泥质海岸、基岩海岛等，拥有亚洲大陆边缘最大的海岸湿地和独特的辐射状沙洲，有丹顶鹤、麋鹿 2 个国家级珍稀动物自然保护区，蛎岈山牡蛎礁、海州湾海湾生态与自然遗迹 2 个国家级海洋特别保护区，小洋口与海州湾 2 个国家级海洋公园。

3.1.3　经济条件

2016 年，江苏省沿海地区实现生产总值 13 720.76 亿元，增长 9.6%，占全省比重 18%（图 3-1）。沿海城镇居民人均可支配收入 33 694 元，同比增长 8.2%，高于全省 0.2 个百分点；农村居民人均可支配收入 17 015 元，同比增长 8.8%，高于全省 0.5 个百分点。沿海地区第三产业增加值 6248.99 亿元，同比增长 10.6%。三次产业增加值比重为 8.76∶45.7∶45.54，与上年同期相比，一产比重下降 0.47 个百分点，二产比重下降 1.1 个百分点，三产比重上升 1.57 个百分点。规模以上工业增加值 6806.73 亿元，同比增长 9.7%，占全省比重 19.2%。固定资产投资总额 11 079.94 亿元，增长 12.8%，增幅超过全省平均水平 5.3 个百分点，占全省比重 22.4%。

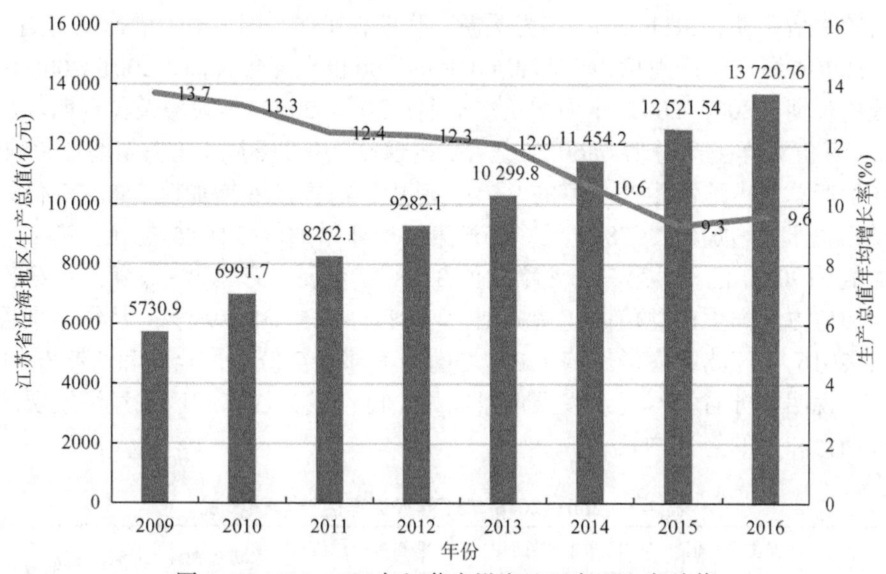

图 3-1　2009~2016 年江苏省沿海地区实现生产总值

3.1.4　科教条件

2015 年，江苏省拥有海洋科研机构 10 个，从业人员 3356 人，从事科技活动人员 2068 人，其中：博士 425 人，硕士 541 人，大学生 626 人，大专生 260 人；高级职称 890 人，中级职称 587 人，初级职称 350 人。海洋科研机构 R&D 人员 1480 人。开设海洋相关专业的教育机构 47 个，教职工总人数为 64 642 人，海洋相关专业大专以上毕业生人数为 5951 人，其中博士毕业生 296 人，硕士毕业生 365 人。

3.2　海洋产业结构分析

海洋经济是开发利用海洋的各类海洋产业及相关经济活动的总和。随着陆地资源逐渐地减少，大力发展海洋经济将成为世界各国经济发展中的重要任务。江苏省海洋资源非常丰富，拥有发展海洋经济的诸多条件，为海洋经济发展奠定了一定的基础。

3.2.1　海洋经济总量概述

经济总量是反映经济规模的重要指标。21 世纪以来，江苏省海洋经济无论从绝对值看，还是从相对值看，都出现了跳跃式增长（表 3-4）。江苏省海洋生产总值从 2001 年的 172.00 亿元增长到 2016 年的 6860.20 亿元，按可比价格计算，16 年间增长了约 40 倍。2001~2007 年，为海洋经济高速增长期；2008~2010

年为较快增长期；2011~2014 年为缓慢下降期；2015~2016 年为增速稳定期。同时，江苏省海洋生产总值占江苏省 GDP 的比重也在逐年提高，2001~2005 年为缓慢增长期；2006~2009 年为增长波动期；2010~2016 年为增长稳定期。2016 年，江苏省海洋生产总值 6860.20 亿元，按现价计算（下同）比上年增长 12.4%，海洋生产总值占地区生产总值的 9.0%。其中，海洋产业增加值 3882.20 亿元，海洋相关产业增加值 2978 亿元。海洋第一产业增加值 301.85 亿元，第二产业增加值 3190.00 亿元，第三产业增加值 3368.37 亿元，海洋第一、第二、第三产业增加值占海洋生产总值的比重分别为 4.4%、46.5%和 49.1%。从纵向来看，2001~2016 年江苏省海洋经济 GDP 增速绝大部分年份超过全国和江苏省 GDP 增速，说明江苏省海洋经济发展前景向好，已经成为江苏省区域经济发展的重要推动力和新的经济增长点。

表 3-4　2001~2016 年江苏省海洋生产总值概况

年份	海洋生产总值（亿元）		海洋生产总值占 GDP 比重（%）		海洋生产总值增速（%）		江苏省海洋生产总值占全国海洋生产总值比重（%）	江苏省 GDP 增速（%）
	江苏	全国	江苏	全国	江苏	全国		
2001	172.00	9518.40	1.82	8.68	17.76	8.70	2.38	10.20
2002	221.50	11 270.50	2.09	9.37	28.82	18.41	2.45	11.70
2003	453.60	11 952.30	3.65	9.80	104.75	6.05	4.31	13.60
2004	565.20	14 662.30	3.77	9.17	24.60	22.67	4.12	14.50
2005	739.60	17 655.60	4.04	9.55	30.85	20.42	4.41	14.90
2006	1287.00	21 592.40	5.95	9.98	74.02	22.30	6.06	14.90
2007	1873.50	25 618.70	7.28	9.64	45.57	18.65	7.47	12.70
2008	2114.50	29 718.00	6.98	9.46	12.86	16.00	7.12	12.40
2009	2717.40	32 161.90	7.89	9.31	28.51	8.22	8.45	11.22
2010	3550.90	39 619.20	8.57	9.69	30.67	23.19	8.96	20.22
2011	4253.10	45 580.40	8.66	9.42	19.78	15.05	9.33	18.55
2012	4722.90	50 172.90	8.74	9.39	11.05	10.08	9.41	10.08
2013	4921.20	54 718.30	8.32	9.31	4.20	9.06	8.99	10.54
2014	5590.20	60 699.10	8.58	9.54	13.59	10.93	9.21	8.93
2015	6101.70	65 534.40	9.10	9.51	9.15	7.97	9.31	8.50
2016	6860.20	70 507.00	9.00	9.50	12.4	7.59	9.73	7.80

3.2.2　海洋产业结构演进

随着海洋经济的发展，海洋经济结构不断升级，海洋产业结构日趋合理。2001~2016 年，江苏省海洋三次产业生产总值呈上升趋势，海洋第一产业增加值由 125.21 亿元上升到 301.85 亿元，海洋第二产业增加值由 38.17 亿元增加到

3190.00 亿元，海洋第三产业增加值由 8.66 亿元增加到 3368.37 亿元，海洋第一、第二、第三产业增加值年平均分别增长 13.54%、46.97%、61.43%，海洋第三产业增长速度最快，高于同期海洋经济平均增长速度 49.02 个百分点。海洋经济三次产业结构从 2001 年 72∶22∶6 调整为 2016 年的 4.4∶46.5∶49.1，海洋经济“三、二、一”的产业结构格局初步形成（表 3-5，图 3-2）。

表 3-5　2015 年全国沿海省市海洋产业结构静态比较　（单位：%）

产业比例	全国	天津	河北	辽宁	上海	江苏	浙江	福建	山东	广东	广西	海南
第一产业	5.1	0.3	3.6	11.4	0.1	6.7	7.6	7.2	6.3	1.8	16.2	21.4
第二产业	42.2	56.9	46.4	35.1	36.0	50.3	36.0	37.1	44.5	43.0	35.8	19.7
第三产业	52.7	42.8	50.0	53.5	63.9	43.0	56.4	55.7	49.2	55.2	48.0	58.9

数据来源：《中国海洋统计年鉴 2016》.

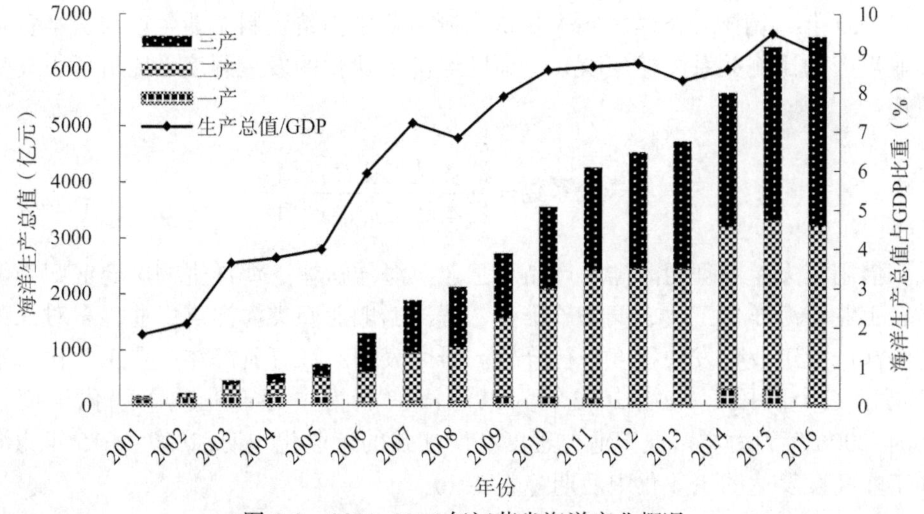

图 3-2　2001~2016 年江苏省海洋产业概况

1. 主要海洋产业结构

江苏省主要海洋产业结构具有循序渐进的演变过程。2001~2005 年，在海洋渔业、海洋船舶、海洋盐业、海洋化工、海洋生物医药、海洋交通运输、滨海旅游、涉海工程建筑、海洋电力和海水利用十大海洋产业增加值中，海洋渔业居主导地位；2010 年，海洋交通运输业居主导地位，海洋渔业地位下降；2010~2015 年，江苏省主要海洋产业结构趋于稳定，形成了以海洋交通运输、海洋船舶、海洋渔业、滨海旅游等产业为主导的海洋产业结构，四大产业增加值占主要海洋产业的比重基本上均超过 10%，海洋生物医药、海洋电力和海水利用等未来产业也在发展壮大（图 3-3）。

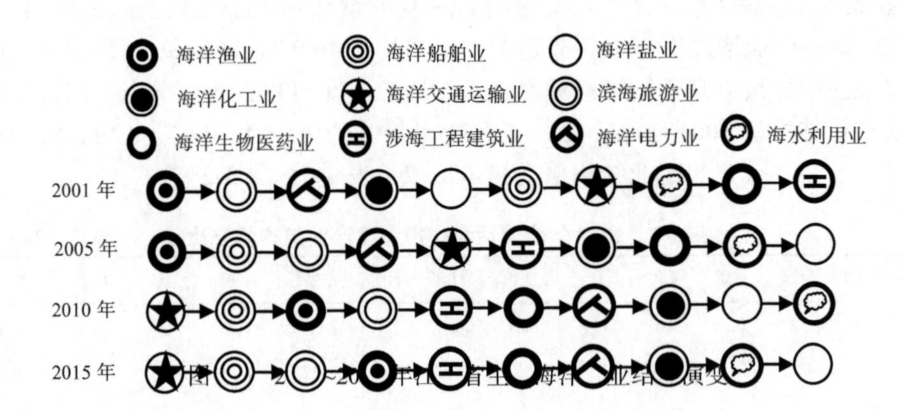

2. 海洋产业工业化水平

1931 年，德国经济学家霍夫曼认为制造业中消费资料工业生产与资本资料工业生产的比例关系能够反映某一地区经济工业化的发展程度，提出了霍夫曼原理：

$$霍夫曼系数=\frac{消费品工业净产值}{资本品工业净产值}$$

借用霍夫曼原理把海洋水产品加工业、海洋盐业、海洋生物医药业归类海洋轻工业；海洋化工业、滨海砂矿业、海洋船舶业归类海洋重工业，来对江苏省海洋产业工业化发展程度进行分析。研究表明：江苏省海洋产业工业化水平经历了三个阶段，2001~2003 年为以海洋渔业为主导产业的工业化早期；2004~2006 年为海洋产业工业化程度有所加强的工业化中期；2007~2015 年为海洋工业高度发达的工业化中后期（表 3-6）。

表 3-6　2001~2015 年江苏省海洋产业结构霍夫曼系数

地区	2001 年	2002 年	2003 年	2004 年	2005 年	2006 年	2007 年	2008 年
全国	5.74	5.80	4.72	3.66	3.60	2.20	1.90	1.95
江苏	4.54	4.97	4.53	1.94	1.39	1.29	0.60	0.48

地区	2009 年	2010 年	2011 年	2012 年	2013 年	2014 年	2015 年
全国	1.70	1.60	1.63	1.75	2.07	1.87	1.88
江苏	0.34	0.43	0.40	0.61	1.39	0.49	0.53

数据来源：根据《中国海洋统计年鉴（2002—2016）》计算.

3. 海洋第三产业弹性系数

弹性系数是一定时期内相互联系的两个经济指标增长速度的比率，它是衡量一个经济变量的增长幅度对另一个经济变量增长幅度的依存关系。海洋第三产业弹性系数作为衡量海洋产业结构优化的重要内容，它主要反映海洋第三产业与海洋经济发展速度的相对快慢程度，是海洋第三产业产值增长率与海洋生产总值增长率的比值。2001~2009 年，江苏省海洋第三产业增长弹性系数整体波动较大，绝对差值达到 7.44，表明江苏省海洋第三产业的增长幅度与海洋经济整体增长不一致。2010~2015 年，江苏省海洋第三产业取得快速发展，海洋交通运输业、滨海旅游业成为江苏省增加值最大的主要海洋产业之一，海洋第三产业平均增长弹性系数为 1.19，低于全国平均水平 1.42，表明海洋第三产业及海洋产业结构进入平稳增长阶段（表 3-7）。

表 3-7　2001~2015 年江苏省及沿海主要省市海洋第三产业弹性系数

区域	2001 年	2002 年	2003 年	2004 年	2005 年	2006 年	2007 年	2008 年
全国	0.11	1.10	0.42	1.01	0.99	0.82	1.07	1.06
江苏	–2.70	3.95	0.62	9.16	1.58	4.84	0.80	1.19
广东	1.54	1.14	0.49	0.36	2.36	–1.76	1.27	0.41
山东	3.70	1.28	1.85	3.81	1.44	2.41	1.15	0.91
上海	3.06	0.92	0.81	1.15	0.94	0.02	1.72	1.20
浙江	0.49	0.94	11.83	1.23	0.77	–0.90	0.97	0.62

区域	2009 年	2010 年	2011 年	2012 年	2013 年	2014 年	2015 年
全国	0.94	0.91	1.00	1.16	1.42	2.12	1.91
江苏	0.28	0.90	1.24	1.21	2.31	0.38	1.11
广东	1.49	0.76	1.09	0.81	1.42	1.31	1.44
山东	0.92	1.02	1.08	1.05	1.33	1.41	1.30
上海	0.38	1.01	1.08	1.38	1.30	0.49	1.09
浙江	0.78	1.03	1.07	1.19	1.49	4.29	1.20

数据来源：根据《中国海洋统计年鉴（2002—2016）》计算.

3.2.3　海洋产业结构动态分析

对海洋产业结构研究仅从现状和静态的视角很难全面揭示海洋产业结构变动的方向及程度。因而，有必要选取产业结构变动值、产业结构熵数和 Moore 结构变化三大指标对江苏省海洋产业结构的调整及变动情况进行量变和质变分析。

1. 海洋产业结构变动值

海洋产业结构是海洋经济的基本结构，海洋经济产业结构变动值可以反映海洋三次产业结构变动的速度，其变动速度的快慢，可以反映一个地区海洋经济发展的活力和空间。其计算公式为

$$K = \sum \left| q_{i1} - q_{i0} \right|$$

式中，K 为产业结构变动值；q_{i1} 为报告期第 i 产业产值在总产值中所占的比重；q_{i0} 为基期第 i 产业产值在总产值中所占的比重。K 值越大，说明产业结构变动的速度越快，变动的幅度越大。考虑到产业结构的变动是一个渐进和连续的过程，本书选取 2001 年为基期，2015 年为报告期。同时根据 2015 年沿海地区海洋生产总值情况，选择广东、山东、上海和浙江 4 个海洋经济较强的省市进行产业结构变动值的对比研究（表 3-8）。

表 3-8 江苏省与部分沿海省市海洋产业结构变动值及比较值

变动值	全国	江苏	广东	山东	上海	浙江
海洋产业结构变动值	0.06	1.35	0.48	1.20	0.50	0.85
与江苏比较值	–0.9556	—	–0.6444	–0.1111	–0.6296	–0.3704

数据来源：根据《中国海洋统计年鉴（2002—2016）》计算.

计算结果表明，在三次产业结构变动速度上，江苏省要明显快于广东省、上海市、浙江省及全国平均水平。主要原因在于 2001 年研究基期，全国海洋产业结构为三、二、一，广东省为二、三、一，上海市为三、二、一，浙江省为一、三、二，逐渐呈现较为合理的产业结构趋势；江苏省海洋产业结构为 72∶22∶6，为典型的一、二、三结构；在“海上苏东”“沿海开发”“海洋强省”等战略的推动下，江苏省海洋船舶工业、海洋电力、海洋运输、滨海旅游发展较快，加快了海洋产业结构优化升级的步伐。

2. 海洋产业结构熵数

海洋产业结构的优化不仅是从“一、二、三”到“二、三、一”或“三、二、一”结构的演变，还表现在产业结构的内部协调，利用产业结构熵数理论能较好地反映海洋产业结构的均衡化或多样化程度。它应用信息理论的干扰度概念，把结构比变化视为产业结构的干扰因素，从而依照信息理论中的熵数表示法与熵数测定法来测定产业结构熵数值，来综合反映海洋产业结构的变化程度。其计算公式为

$$e^t = \sum_{i=1}^{n} [W_{it} \ln(1/W_{it})]$$

式中，e^t表示 t 期产业结构熵数值；W_{it}表示 t 期第 i 产业产值所占海洋产业总产值的比重；n 为产业部门个数。以海洋三次产业结构为例，分别计算江苏与部分沿海省市海洋产业结构熵数（表 3-9）。

表 3-9　2001~2015 年江苏省及沿海主要省市海洋产业结构熵数值

地区	2001 年	2002 年	2003 年	2004 年	2005 年	2006 年	2007 年	2008 年
全国	0.89252	0.88590	0.88585	0.87376	0.87176	0.87227	0.86581	0.87208
江苏	0.73844	0.82327	0.86566	0.99635	0.99480	0.85407	0.84510	0.75352
广东	1.08355	1.08232	1.05803	1.07102	1.01520	0.82999	0.82918	0.82794
山东	0.85049	0.89023	0.88830	1.00253	1.01522	0.92000	0.90858	0.90033
上海	0.46238	0.48877	0.52377	0.37767	0.40590	0.69975	0.69621	0.69396
浙江	0.91298	1.03650	1.04535	1.09160	1.07955	0.89628	0.88848	0.92372
地区	2009 年	2010 年	2011 年	2012 年	2013 年	2014 年	2015 年	
全国	0.87427	0.85922	0.86145	0.86362	0.86515	0.85659	0.85343	
江苏	0.87803	0.83855	0.80610	0.84688	0.84722	0.86753	0.88966	
广东	0.79816	0.78908	0.79202	0.76747	0.76686	0.75746	0.76307	
山东	0.89606	0.88223	0.89119	0.90098	0.90546	0.89784	0.88520	
上海	0.67834	0.67791	0.67660	0.70978	0.66479	0.66315	0.66088	
浙江	0.89821	0.90554	0.91064	0.90655	0.89938	0.89600	0.88822	

数据来源：根据《中国海洋统计年鉴（2002—2016）》计算.

结果表明：2001 年以来，海洋产业结构的多元化和发展的稳定性成为我国海洋经济发展的主导方向。江苏省在“海上苏东”“海洋强省”和“沿海开发”战略的强力推动下，生产力布局和沿海开发的层次与力度不断升级，海洋产业结构多元化趋势在波动中趋于适中和稳定。2001~2005 年，江苏省海洋产业工业化程度由中期向中后期过渡，海洋产业结构熵数不断提升，说明海洋产业结构逐步走向多元化，有利于江苏省海洋产业结构向高级化发展；2006~2015 年，江苏省注重强化海洋产业结构的多元化与海洋经济的可持续发展，海洋产业结构熵数除 2008 年略有波动外，总体趋于稳定，说明海洋经济产业结构在多元化上较为适中，但总体低于全国平均水平。

3. Moore 结构变化值

海洋产业结构变动值指标虽然能较好地衡量产业结构的速度，但是无法衡量各产业此消彼长的方向变化。因此需要采用 Moore 结构变化值来测定海洋产业结构转换的速度和方向，该指标运用空间向量测定法，将海洋经济的每一个产业当作一个空间向量，当某一个产业在海洋生产总值中的份额发生变化时，它与其他空间向量的夹角就会发生变化，把所有夹角变化累计，就可以得到整个经济系统中各产业的结构变化情况。计算公式为

$$M_t = \frac{\sum_{i=1}^{n}(W_{it} \times W_{i,t+1})}{(\sum_{i=1}^{n} W_{it}^2)^{1/2} \times (\sum_{i=1}^{n} W_{i,t+1}^2)^{1/2}}$$

式中，M_t表示第 t 期 Moore 结构变化值；W_{it}表示第 t 期第 i 产业占全部产业的比重；$W_{i,t+1}$表示第 $t+1$ 期第 i 产业占全部产业的比重。定义矢量即不同时期产业份额之间变化的总夹角为 θ，则 $\theta=\arccos M_t$。如果 θ 值越大，表明产业结构变化速率也越大。

选取江苏省 2001~2015 年海洋三次产业的产值比重数据，以 2001 年为基期，计算不同时期 Moore 结构变化值及相应的 θ，通过衡量产业结构变动的速度来考察江苏省海洋产业结构变动的进程，计算结果如表 3-10 所示。

表 3-10 2001~2015 年江苏省及沿海主要省市海洋产业 Moore 结构变化值及相应的 θ

年份	全国	江苏	广东	山东	上海	浙江
2001~2002	0.999923	0.997429	0.999789	0.997593	0.999724	0.725361
	0.012444	0.071725	0.020566	0.069402	0.023511	0.759237
2002~2003	0.999385	0.866683	0.992169	0.999164	0.999423	0.999556
	0.035077	0.522283	0.125232	0.040882	0.033965	0.029801
2003~2004	0.999945	0.983664	0.985418	0.980434	0.996518	0.980474
	0.010522	0.181004	0.170982	0.198140	0.083475	0.197940
2004~2005	0.999994	0.995078	0.972743	0.999113	0.999974	0.995516
	0.003568	0.099260	0.234016	0.042110	0.007195	0.094738
2005~2006	0.999355	0.773406	0.875627	0.629438	0.806174	0.878883
	0.035912	0.686600	0.504065	0.889966	0.633139	0.497280
2006~2007	0.999922	0.997112	0.999525	0.999761	0.998442	0.999894
	0.012524	0.076016	0.030831	0.021862	0.055820	0.014577
2007~2008	0.999921	0.998598	0.985331	0.999797	0.999763	0.998442
	0.012565	0.052955	0.165529	0.020164	0.021794	0.055822
2008~2009	0.999985	0.986495	0.998482	0.999959	0.995623	0.997250
	0.005500	0.164531	0.055098	0.009011	0.093600	0.074177

续表

年份	全国	江苏	广东	山东	上海	浙江
2009~2010	0.999694	0.999058	0.998501	0.999933	0.999998	0.999942
	0.024740	0.043407	0.054767	0.011548	0.001917	0.010791
2010~2011	0.999998	0.999557	0.999946	0.999888	0.999984	0.999890
	0.001880	0.029751	0.010405	0.014971	0.005742	0.014859
2011~2012	0.999874	0.999210	0.999392	0.999913	0.999339	0.999913
	0.015861	0.039750	0.034874	0.013161	0.036365	0.013218
2012~2013	0.999778	0.998896	0.999535	0.999719	0.999872	0.999577
	0.021093	0.046991	0.030495	0.023716	0.016011	0.029101
2013~2014	0.999024	0.997979	0.999009	0.998546	0.999984	0.992657
	0.044189	0.063590	0.044529	0.053925	0.005601	0.121261
2014~2015	0.999373	0.999690	0.999091	0.999753	0.999963	0.999790
	0.035418	0.024904	0.042643	0.022208	0.008628	0.020514

数据来源：根据《中国海洋统计年鉴（2002—2016）》计算.

从计算结果可以看出，2001~2015 年，江苏省海洋产业结构转换的速度波动较大，2002~2003 年海洋三次产业份额之间变化的总夹角 θ 值为 0.52、2005~2006 年 θ 值为 0.69，说明海洋产业结构变化较快；2003~2004 年 θ 值为 0.18、2008~2009 年 θ 值为 0.16，说明海洋产业结构变动速度相比 2002~2003 年、2005~2006 年有所下降；2006~2015 年，总夹角 θ 均值为 0.05 左右，说明海洋产业结构调整减缓，三次产业结构趋于完善。但从总体上看，江苏省海洋产业结构变动速度仍比较缓慢，仍需加大对海洋产业结构的调整力度。

3.3　海洋经济效应评价

海洋经济发展所产生的影响，不但表现为直接带动效应，同时也表现为间接带动效应。从直接带动效应和间接带动效应两个角度，测度海洋经济对沿海地区经济增长的带动水平，有助于为沿海地区转变发展方式提供理论支撑。

3.3.1　海洋经济直接贡献度测度

海洋经济对地区经济发展的直接带动效应主要表现为海洋经济生产总值在地区生产总值中所占有的份额（比重）。按照现有的国民经济核算体系，衡量国家和地区经济规模的核心统计指标为国内生产总值（GDP）和地区生产总值（GRP），而对各个产业而言就是增加值。因此，海洋经济生产总值（或海洋产业增加值）作为国家和地区 GDP 的一个组成部分，体现了海洋经济对国家和地区经济规模的直接贡献绝对份额，而海洋经济生产总值占国家和地区 GDP 的比重则体现了海洋经济对国家和地区经济的直接贡献相对份额。这两个指标很好地度量了海洋经济对国民经济规模的直接贡献（表 3-11）。

表 3-11 海洋经济贡献度测度指标

测度对象	测度指标
全部贡献	海洋经济总产值（亿元人民币）
	海洋经济总产值占 GDP 比重（%）
直接贡献	海洋生产总值（亿元人民币）
	海洋生产总值占 GDP 比重（%）
间接贡献	海洋经济总产值–海洋生产总值（亿元人民币）
	（海洋经济总产值–海洋生产总值）/GDP（%）

为了更直观地反映出海洋经济对地区经济发展的直接带动效应，在研究中选用海洋经济生产总值的贡献度这一指标，其计算公式为

$$C_i = M_i / D_i$$

式中，C_i 表示 i 地区海洋经济生产总值的贡献度；M_i 表示 i 地区海洋经济生产总值；D_i 为 i 地区生产总值。根据统计年鉴数据计算，可得 2001~2016 年江苏省海洋经济的贡献度（表 3-12）。

表 3-12 海洋经济对全国、江苏省和沿海地区 GDP 的贡献度（单位：%）

地区	2001 年	2002 年	2003 年	2004 年	2005 年	2006 年	2007 年	2008 年
全国	8.68	9.37	8.80	9.17	9.55	9.98	9.64	9.46
江苏	1.82	2.09	3.65	3.77	4.04	5.95	7.28	6.98
沿海地区	20.31	23.86	25.58	25.29	30.28	27.25	25.51	23.95
地区	2009 年	2010 年	2011 年	2012 年	2013 年	2014 年	2015 年	2016 年
全国	9.31	9.69	9.42	9.39	9.31	9.54	9.51	9.50
江苏	7.89	8.57	8.66	8.74	8.32	8.58	9.10	9.00
沿海地区	30.91	30.38	26.59	26.53	26.20	26.17	26.27	50.00

江苏省海洋经济对地区经济发展的直接贡献主要体现在其在地区生产总值中所占份额或比重。表 3-12 显示，江苏省海洋经济对区域经济发展的贡献远低于全国平均水平。2001~2015 年间，海洋经济生产总值占江苏省 GDP 的比重呈现逐步增大态势，并表现出阶段性特征：2001~2009 年海洋生产总值占江苏省 GDP 的比重低于 8%，2010~2014 年间海洋生产总值的份额大于 8%，2015~2016 年大于 9%。

3.3.2　海洋经济间接贡献度测度

海洋经济对区域经济发展的带动作用不仅直接体现在产值贡献方面，还表现为一种间接的引致效应。为了最大限度地准确衡量海洋经济对沿海地区经济发展的这种间接带动效应，更详细地确定海洋经济与沿海地区区域经济的关联性，借助经济弹性的含义，选取一系列弹性指标进行测算，分别是海洋经济增长弹性、财政收入增长弹性、就业增长弹性和技术进步增长弹性。

1）海洋经济增长弹性

海洋经济对沿海地区经济发展的直接贡献在于海洋产业部门的生产总值，而海洋经济对沿海地区经济的间接贡献方面之一则体现在其对当地陆域相关和非相关产业的间接性影响。选用海洋经济增长弹性来测算海洋经济产值变动对地区生产总值的间接引致影响，以此将地区生产总值的变动受海洋经济总产值的变动的间接带动效应水平予以量化。其计算公式为

$$E_{\mathrm{g}} = G_{\mathrm{r}} / G_{\mathrm{m}}$$

式中，E_{g}为海洋经济增长弹性；G_{r}为地区生产总值年均增长率；G_{m}为地区海洋经济生产总值年均增长率。

2）财政收入增长弹性

海洋经济对沿海地区经济发展的间接带动效应还体现在地方政府的财政收入方面。对于沿海地区而言，海洋产业部门产值的大小会直接影响政府的税收收入，进而影响政府的财政收入。选用财政收入增长弹性来测算海洋产业产值变动对于地区财政收入增长的间接引致影响，以此将地区财政收入的变动受海洋经济总产值的变动的间接带动效应水平予以量化。其计算公式为

$$E_{\mathrm{f}} = F_{\mathrm{r}} / F_{\mathrm{m}}$$

式中，E_{f}为财政收入增长弹性；F_{r}为地区财政收入年均增长率；F_{m}为地区海洋经济生产总值年均增长率。

3）就业增长弹性

海洋经济对沿海地区经济发展的间接带动效应的另一种体现是社会人员的就业方面。海洋经济的发展造成各个海洋产业部门产生新的就业需求和就业岗位，这便会使海洋产业部门的就业量增长和就业率提高。选用就业增长弹性来测算海洋部门就业增长对地区就业增长的间接引致影响，以此将地区就业人员的变动受海洋经济就业人员变动的间接带动效应水平予以量化。其计算公式为

$$E_{\mathrm{e}} = E_{\mathrm{r}} / E_{\mathrm{m}}$$

式中，E_e为就业增长弹性；E_r为地区就业人员年均增长率；E_m为海洋部门就业人员年均增长率。

4）技术进步增长弹性

除此之外，海洋经济对沿海地区经济发展的间接带动效应还体现在技术进步方面。海洋技术的开发在某种程度上会带动陆域产业的技术研发与发展，尤其是在一些共性技术方面，海洋产业技术向陆域产业不断转让与扩散，这就直接引起整个沿海地区技术水平的显著提升。选用技术进步增长弹性来测算海洋产业的技术进步对沿海地区技术进步的间接引致影响，以此将沿海地区的技术进步受海洋产业技术进步的间接带动效应水平予以量化。限于可获取数据的局限性，文中将专利授权数作为基础数据指标来进行计算处理。

$$E_t = T_r / T_m$$

式中，E_t为技术进步增长弹性；T_r为地区专利授权数年均增长率；T_m为海洋机构专利授权数年均增长率。

3.3.3　效应实证测算

根据统计年鉴数据进行处理计算，可得 2001~2015 年海洋经济对全国及江苏省沿海地区经济发展的间接带动效应的各项弹性指标（表 3-13）。

表 3-13　海洋经济对沿海地区经济发展间接带动效应的相关弹性指标

区域	经济增长弹性（2001~2015 年）	财政收入增长弹性（2001~2015 年）	就业增长弹性（2001~2015 年）	技术进步增长弹性（2006~2015 年）
全国	0.8349	1.5359	0.1808	0.4800
江苏沿海地区	0.3953	0.8113	0.1059	0.3576

从表 3-13 计算结果可以得出结论：首先，对于海洋经济增长弹性指标而言，海洋经济生产总值年均增长率每变动 1 个百分点，江苏省沿海地区生产总值年均增长率同向变动 0.3953 个百分点，低于全国沿海 0.8349 的水平，这种现象说明江苏省陆海经济协同性较差，陆海产业之间的联系不太紧密；其次，在财政收入增长弹性指标方面，海洋经济的引致财政弹性敏感度较高，海洋经济生产总值年均增长率每变动 1 个百分点，江苏省沿海地区财政收入年均增长率同向变动 0.8113 个百分点；再次，沿海地区的就业弹性较低，海洋部门就业人员年均增长率每变动 1 个百分点，江苏省沿海地区就业人员年均增长率仅同向变动 0.1059 个百分点，明显低于全国 0.1808 的水平，这与该地区的经济繁荣有一定关系；最后，江苏省沿海地区的技术进步增长弹性为 0.3576，海洋机构专利授

权数年均增长率每变动 1 个百分点，江苏省沿海地区专利授权数年均增长率同向变动 0.3576 个百分点，技术进步增长弹性低于全国平均水平，这与江苏省沿海地区科技创新和科研投入力度关系不大。

3.4　主要结论

江苏省在“海上苏东”“海洋强省”和“沿海开发”战略的强力推动下，生产力布局和沿海开发的层次与力度不断升级，海洋产业结构多元化趋势在波动中趋于适中和稳定。2001~2005 年，江苏省海洋产业工业化程度由中期向中后期过渡，海洋产业结构逐步走向多元化；2006~2015 年，江苏省注重强化海洋产业结构的多元化与海洋经济的可持续发展，海洋经济产业结构在多元化上较为适中，但总体低于全国平均水平。在产业结构演变速度方面，2001~2015 年，江苏省海洋产业结构转换的速度波动较大，2002~2003 年海洋产业结构变化较快，2003~2004 年海洋产业结构变速下降，2006~2015 年，海洋产业结构调整减缓，三次产业结构趋于完善。但从总体上看，江苏省海洋产业结构变动速度仍比较缓慢，仍需加大对海洋产业结构的调整力度。

江苏省海洋经济对地区经济发展的直接贡献主要体现在其在地区生产总值中所占份额或比重。2001~2016 年，海洋经济生产总值占江苏省 GDP 的比重呈现逐步增大态势，并表现出阶段性特征：2001~2009 年海洋生产总值占江苏省 GDP 的比重低于 8%，2010~2014 年间海洋生产总值的份额大于 8%，2015~2016 年大于 9%，总体上低于全国平均水平。江苏省海洋经济对地区经济发展的间接贡献，海洋经济增长弹性指标低于全国平均水平，海洋经济的引致财政弹性敏感度较高，就业弹性明显低于全国平均水平，技术进步增长弹性略低于全国平均水平。这种现象说明江苏省陆海经济协同性较差，陆海产业之间的联系不太紧密。

第 4 章　江苏省海洋经济竞争力评价

海洋经济综合竞争力是指一国或一地区在对海洋进行开发、利用和保护的各类产业活动以及与之相关联活动中表现出的，相对于其他国家或地区的竞争优势和发展潜力。江苏省要实现海洋强省战略，首先要正确认识海洋经济，特别是要对现阶段海洋经济的发展水平进行全面、科学的测度，才能全面认识海洋经济的发展现状。

4.1　指标体系构建原则

为了全面、客观地衡量江苏沿海地区海洋经济发展水平，评价指标体系的构建要考虑到系统目标的层次、结构、类型等方面，具体选择指标时应遵循以下原则：

（1）科学性与整体性原则。选用的指标必须遵循科学的研究方法和依据，能够客观、科学地反映沿海地区海洋经济的现实情况。同时，海洋经济综合实力评价不能只从某个视角或指标来选择，而是应当考虑影响海洋经济的各个层面，保证指标体系构建的完整性，全方位对指标体系进行评价。

（2）可操作性与可量化原则。依据选择基准构建评价指标的过程中，要尽量客观地分析所选指标的经济含义，不仅要易于获取，而且要尽量采用有统计数据支撑的指标。同时也要考虑能否进行定量处理，指标选取的计算量度和计算方法必须一致统一。

（3）可比性与层次性原则。建立的海洋经济发展水平指标体系口径一致，能按照统一规定的核算方法与程序进行，既可以横向比较，也可以纵向比较。海洋经济发展水平评价指标体系是多层次、多属性的系统。因此，选择指标时应遵循此原则，分层次建立指标体系。

（4）时代性与可持续性原则。进行海洋经济发展水平评价，要把提高经济增长的质量和效益、加快转变经济发展方式的相关指标纳入评价指标体系内。要体现经济、社会、资源和环境保护协调发展是一个密不可分的系统，坚持经济、社会与生态环境的持续协调发展。

4.2　评价方法与指标体系

4.2.1　评价方法

熵值法是一种客观赋权法，其可信度较高，可以避免人为造成信息重叠。其根据各项指标观测值所提供的信息的大小来确定指标权重。信息量与不确定性成反比，不确定性与熵成正比。设有 m 个待评方案，n 项评价指标，形成原始指标数据矩阵 $\boldsymbol{X}=(X_{ij})_{m\times n}$，对于某项指标 X_j，指标值 X_{ij} 的差距越大，则该指标在综合评价中所起的作用越大；如果某项指标的指标值全部相等，则该指标在综合评价中不起作用。

熵值法的计算步骤：

（1）构建数据矩阵

$$\boldsymbol{X}=\begin{bmatrix} X_{11} & \cdots & X_{1m} \\ \vdots & & \vdots \\ X_{n1} & \cdots & X_{nm} \end{bmatrix}_{n\times m}$$

式中，X_{ij} 为第 i 个方案第 j 个指标的数值。

（2）数据的非负数化处理，由于熵值法计算采用的是各个方案某一指标占同一指标值总和的比值，因此不存在量纲的影响，不需要进行标准化处理，若数据中有负数，就需要对数据进行非负化处理。此外，为了避免求熵值时对数的无意义，需要进行数据平移。对于越大越好的指标：

$$X'_{ij}=\frac{X_{ij}-\min(X_{1j},X_{2j},\cdots,X_{nj})}{\max(X_{1j},X_{2j},\cdots,X_{nj})-\min(X_{1j},X_{2j},\cdots,X_{nj})}+1,\quad i=1,2,\cdots,n;\ j=1,2,\cdots,m$$

对于越小越好的指标：

$$X'_{ij}=\frac{\max(X_{1j},X_{2j},\cdots,X_{nj})-X_{ij}}{\max(X_{1j},X_{2j},\cdots,X_{nj})-\min(X_{1j},X_{2j},\cdots,X_{nj})}+1,\quad i=1,2,\cdots,n;\ j=1,2,\cdots,m$$

为了方便起见，仍记非负数化处理后的数据为 X_{ij}。

（3）计算第 j 项指标下第 i 个方案占该指标的比重

$$P_{ij}=\frac{X_{ij}}{\sum\limits_{i=1}^{n}X_{ij}},\quad j=1,2,\cdots,m$$

（4）计算第 j 项指标的熵值

$$e_j = -k\sum_{i=1}^{n} P_{ij}\ln(P_{ij})$$

式中，$k>0$，ln 为自然对数，$e_j \geqslant 0$。式中常数 k 与样本数 m 有关，一般令 $k=1/\ln m$，则 $0 \leqslant e \leqslant 1$。

（5）计算第 j 项指标的差异系数，对于第 j 项指标，指标值 X_{ij} 的差异越大，对方案评价的作用越大，熵值就越小，则 g_j 越大，指标越重要。

$$g_j = 1 - e_j$$

（6）求权数

$$W_j = \frac{g_j}{\sum_{j=1}^{m} g_j}, \quad j=1,2,\cdots,m$$

（7）计算各方案的综合得分

$$S_i = \sum_{j=1}^{m} W_j \times P_{ij}, \quad i=1,2,\cdots,n$$

4.2.2 指标体系

综合考虑海洋经济的产业特征，从海洋自然资源竞争力、海洋产业发展能力、海洋经济发展潜力、海洋科技创新竞争力、海洋环境保护能力五个方面来分析，并对每个方面选取适宜的评价指标，从而构建一个由 5 个二级评价指标和 27 个三级评价指标组成的海洋经济综合竞争力评价指标体系（表 4-1）。

表 4-1　海洋经济竞争力评价指标

目标层	准则层	指标层	AHP 权重	熵权	组合权重
海洋经济	海洋自然资源竞争力	水资源（亿 m³）	0.2533	0.2112	0.0535
		盐田总面积（hm²）		0.3270	0.0828
		湿地总面积（万 hm²）		0.0724	0.0183
		海水养殖面积（万 hm²）		0.2472	0.0626
		地区规模以上港口生产用码头泊位数（个）		0.1422	0.0360
	海洋产业发展能力	海洋生产总值 GOP（亿元）	0.2112	0.0922	0.0195
		造船完工量（万载重 t）		0.2847	0.0601

续表

目标层	准则层	指标层	AHP 权重	熵权	组合权重
海洋经济	海洋产业发展能力	海洋捕捞产量（t）	0.2112	0.1472	0.0311
		滨海旅游人数（万人次）		0.0923	0.0195
		海洋旅客运输量（万人）		0.2058	0.0435
		海洋货物运输量（万 t）		0.1070	0.0226
		沿海港口货物吞吐量（万 t）		0.0708	0.0149
	海洋经济发展潜力	GOP 占 GDP 的比重（%）	0.1826	0.2980	0.0544
		三次产业占 GOP 的比重（%）		0.0195	0.0036
		人均海洋产业总产值（元）		0.1509	0.0276
		涉海就业人员占地区就业人员比重（%）		0.5316	0.0970
	海洋科技创新竞争力	海洋科研机构数量（个）	0.2353	0.0616	0.0145
		海洋科技活动人员（人）		0.1132	0.0266
		海洋科技课题（项）		0.1914	0.0450
		海洋科研机构从业人员数量（人）		0.1048	0.0247
		海洋科研机构经费（千元）		0.1368	0.0322
		海洋科技专利授权数（件）		0.3922	0.0923
	海洋环境保护能力	工业废水排放总量（万 t）	0.1176	0.1224	0.0144
		工业废水达标率（%）		0.0000247	0.0000029
		工业固体废物处置量（亿 t）		0.1877	0.0221
		沿海地区污染治理项目（个）		0.1922	0.0226
		海洋自然保护区面积（km^2）		0.4978	0.0586

4.3　海洋经济竞争力评价

4.3.1　海洋经济综合竞争力评价

利用熵值法计算指标层对于准则层的权重（表 4-1），从各指标的熵权可知，在海洋自然资源竞争力准则层下，盐田总面积和海水养殖面积在这 11 个省市的差距最大，所以其熵权较大，分别为 0.3270 和 0.2472，对于海洋自然资源竞争力的影响较大，而湿地总面积的差异较小，熵权则较小，对于海洋自然资源竞争力的影响较小。海洋产业发展能力准则层下，指标造船完工量和海洋旅客运输量的权重较大，沿海港口货物吞吐量的权重较小；海洋产业发展潜力准则层下，涉海就业人员占地区就业人员比重的熵权最大，对海洋产业发展潜力的影响最大；海洋科技创新竞争力准则层下，海洋科技专利授权数的熵权最大，海洋科研机构数量的熵权较小，对于海洋科技创新竞争力的影响较小；海洋环境保护能力准则层下，指标海洋自然保护区面积的熵权最大，对于海洋环境保护能力的影响最大。利用层次分析法计算准则层的权重，结果见表 4-1 第四列。其中海洋自然资源竞争力和海洋科技创新竞争力对于海洋经济竞争力的影响最大，通过 AHP 权重与各准则层的熵权的成绩相乘，得到各指标对于目标层的组合权重，结果见表 4-1 第六列。

利用各指标标准化之后的数据和组合权重进行线性加权，得到目标层海洋经济竞争力的综合评价值，结果见表 4-2 和表 4-3。

表 4-2　沿海各省市海洋竞争力综合评价

年份	天津	河北	辽宁	上海	江苏	浙江	福建	山东	广东	广西	海南
2007	1.8958	0.8214	2.1551	2.5356	1.7195	2.1933	1.6321	2.5159	2.3764	0.8063	1.3229
2009	1.8346	0.7092	2.1638	2.2595	1.6814	1.9673	1.6119	2.7482	2.2542	0.8046	1.6444
2010	1.8244	0.8442	1.9761	2.2482	1.4668	1.9140	1.8123	2.4897	2.3728	0.6797	1.9830
2011	1.4015	0.8227	1.6668	1.8531	1.7053	1.9688	1.3738	2.6035	2.8231	0.9756	1.4999
2012	1.4560	0.7807	1.8314	1.7882	1.6771	1.7354	1.4423	2.6591	2.2664	0.9611	2.0495
2013	1.4101	0.7645	1.9030	1.8663	1.6558	1.7632	1.4334	2.5463	2.1761	1.2586	1.7627
2014	1.4342	0.7484	1.8105	1.8661	1.6434	1.9472	1.4806	2.5258	2.2675	1.3294	1.9435
2015	1.3521	0.7642	1.6605	1.6935	1.7965	1.8367	1.9558	2.3796	2.1931	1.3676	1.5524

注：由于 2008 年沿海部分省市海洋竞争力数据缺失，未列入比较分析

表 4-3　沿海各省市海洋竞争力排名

地区	2007 年	2009 年	2010 年	2011 年	2012 年	2013 年	2014 年	2015 年	变化趋势
天津	6	6	7	8	8	9	9	10	稳定
河北	10	11	10	11	11	11	11	11	稳定
辽宁	5	4	5	6	4	3	6	7	波动
上海	1	2	3	4	5	4	5	6	下降
江苏	7	7	9	5	7	7	7	5	上升
浙江	4	5	6	3	6	5	3	4	波动
福建	8	9	8	9	9	8	8	3	上升
山东	2	1	1	2	1	1	1	1	稳定
广东	3	3	2	1	2	2	2	2	稳定
广西	11	10	11	10	10	10	10	9	稳定
海南	9	8	4	7	3	6	4	8	波动

注：由于 2008 年沿海部分省市海洋竞争力数据缺失，未列入比较分析

通过表 4-2 和表 4-3 可知，2015 年，沿海各省市海洋竞争力由强到弱依次是山东、广东、福建、浙江、江苏、上海、辽宁、海南、广西、天津、河北。从历史发展情况来看，2007~2015 年，上海海洋竞争力排名逐渐下降，表明其发展速度没有其他省市快。相对来看，山东、广东、河北和广西的海洋竞争力排名则比较稳定。综合分析最近 8 年的海洋经济综合实力变化状况，按照海洋经济综合实力的强弱，把沿海省市划分成以下梯队（表 4-4）。

表 4-4　2007~2015 年沿海各省市海洋经济综合实力梯队划分

梯队	2007 年	2009 年	2010 年	2011 年	2012 年	2013 年	2014 年	2015 年
第一梯队	上海、山东、广东	上海、山东、广东	上海、山东、广东	浙江、山东、广东	山东、广东、海南	山东、广东、辽宁	山东、广东、浙江	山东、广东、福建
第二梯队	中游省份	中游省份	中游省份	中游省份	中游省份	中游省份	中游省份	中游省份
第三梯队	海南、河北、广西	福建、河北、广西	江苏、河北、广西	福建、河北、广西	福建、河北、广西	天津、河北、广西	天津、河北、广西	天津、河北、广西

注：由于 2008 年沿海部分省市海洋竞争力数据缺失，未列入比较分析

4.3.2　海洋自然资源竞争力评价

二级指标中的海洋自然资源竞争力指标包含水资源、盐田资源、湿地资源、海域能源和港址资源。表 4-5 显示了沿海 11 个地区海洋自然资源竞争力评价排位结果。

表 4-5　沿海各省市海洋自然资源竞争力排名

地区	2007 年	2009 年	2010 年	2011 年	2012 年	2013 年	2014 年	2015 年
天津	10	10	10	11	11	11	11	9
河北	7	7	7	7	8	8	8	8
辽宁	3	3	3	3	3	3	3	3
上海	9	11	9	10	9	9	9	11
江苏	4	5	6	4	6	6	6	5
浙江	5	4	4	5	4	5	4	4
福建	6	8	5	8	7	7	7	7
山东	1	1	1	1	1	1	1	1
广东	2	2	2	2	2	2	2	2
广西	8	6	8	6	5	4	5	6
海南	11	9	11	9	10	10	10	10

注：由于 2008 年沿海部分省市海洋竞争力数据缺失，未列入比较分析

通过表 4-5 可知，海洋自然资源竞争力较强的省市是山东、广东和辽宁，相对来说较弱的省市是上海、海南和天津。

4.3.3 海洋产业发展能力评价

二级指标中的海洋产业发展能力指标包含海洋经济规模、海洋产业生产能力和海域使用管理水平，海洋产业发展能力指标评价结果如表 4-6 所示。

表 4-6 沿海各省市海洋产业发展能力排名

地区	2007 年	2009 年	2010 年	2011 年	2012 年	2013 年	2014 年	2015 年
天津	9	9	9	9	9	9	9	9
河北	10	10	10	10	10	10	10	10
辽宁	5	6	6	6	6	5	7	7
上海	2	3	4	4	4	4	4	5
江苏	6	5	5	5	5	6	5	4
浙江	1	1	1	1	1	1	1	1
福建	7	7	7	7	7	7	6	6
山东	4	2	2	3	3	3	3	3
广东	3	4	3	2	2	2	2	2
广西	11	11	11	11	11	11	11	11
海南	8	8	8	8	8	8	8	8

注：由于 2008 年沿海部分省市海洋竞争力数据缺失，未列入比较分析

通过表 4-6 可知，各地区海洋产业发展能力较强的省市是浙江、广东和山东；上海、辽宁、江苏和福建居中游；广西、河北、天津和海南较弱。

4.3.4 海洋经济发展潜力评价

海洋经济发展潜力是指海洋资源用于海洋开发和利用方面的潜在能力。主要指标包括海洋经济总产值、人均海洋产业总产值、海洋三次产业比重和涉海就业人员等指标，海洋经济发展潜力指标评价结果如表 4-7 所示。

表 4-7 沿海各省市海洋经济发展潜力排名

地区	2007 年	2009 年	2010 年	2011 年	2012 年	2013 年	2014 年	2015 年
天津	1	1	1	2	2	2	2	3
河北	10	11	11	11	11	11	11	11
辽宁	6	6	6	5	6	7	8	7
上海	2	3	3	3	3	4	4	4

续表

地区	2007 年	2009 年	2010 年	2011 年	2012 年	2013 年	2014 年	2015 年
江苏	9	9	9	10	8	10	10	9
浙江	8	8	8	8	10	9	9	10
福建	4	4	4	4	5	5	5	5
山东	7	7	7	6	4	6	6	6
广东	5	5	5	7	7	8	7	8
广西	11	10	10	9	9	3	3	2
海南	3	2	2	1	1	1	1	1

注：由于 2008 年沿海部分省市海洋竞争力数据缺失，未列入比较分析

通过表 4-7 可知，各地区海洋产业发展潜力较强的省市是天津、海南和上海，较弱的省市是河北、浙江和江苏。

4.3.5　海洋科技创新竞争力评价

区域创新能力是区域经济发展的核心与动力，尤其对于经济增长的关键作用已得到许多相关研究成果证实。建立反映沿海科技创新能力发展水平的指标体系，对沿海科技创新能力进行比较分析，评价结果如表 4-8 所示。

表 4-8　沿海各省市海洋科技创新竞争力排名

地区	2007 年	2009 年	2010 年	2011 年	2012 年	2013 年	2014 年	2015 年
天津	2	4	2	4	4	4	4	5
河北	9	9	10	8	9	8	8	9
辽宁	10	6	5	6	7	5	6	6
上海	1	2	1	2	3	2	2	2
江苏	4	3	6	3	2	3	3	1
浙江	8	10	9	9	10	10	10	10
福建	11	11	8	11	11	11	11	11
山东	3	1	4	1	1	1	1	3
广东	6	5	3	5	5	6	5	4
广西	7	7	11	7	6	7	7	7
海南	5	8	7	10	8	9	9	8

注：由于 2008 年沿海部分省市海洋竞争力数据缺失，未列入比较分析

通过表 4-8 可知，各地区海洋科技创新竞争力较强的省市是上海、山东和江苏，较弱的省市是福建、浙江和河北。

4.3.6 海洋环境保护能力评价

二级指标中的海洋环境保护能力指标包含废弃物治理能力、海洋类型自然保护区建设情况等 5 个指标。海洋环境保护能力评价结果如表 4-9 所示。

表 4-9 沿海各省市海洋环境保护能力排名

地区	2007 年	2009 年	2010 年	2011 年	2012 年	2013 年	2014 年	2015 年
天津	9	11	11	11	8	10	10	10
河北	10	10	6	7	11	11	11	11
辽宁	1	1	3	8	6	5	5	8
上海	7	8	10	9	7	8	8	7
江苏	5	7	8	5	9	7	7	6
浙江	3	4	4	3	3	4	4	5
福建	6	5	7	4	5	6	6	3
山东	4	2	5	2	2	2	3	4
广东	2	3	2	1	4	3	2	2
广西	8	9	9	6	10	9	9	9
海南	11	6	1	10	1	1	1	1

注：由于 2008 年沿海部分省市海洋竞争力数据缺失，未列入比较分析

通过表 4-9 可知，11 个沿海地区各年的海洋环境保护能力评价结果中，广东最稳定；山东、江苏和浙江居中；海南和辽宁波动较大，河北和天津保护能力较弱。

由熵值法的评价结果可以发现，中国海洋经济竞争力较强的省市为广东、山东和上海。近年来，江苏省海洋竞争力整体上呈上升趋势，发展势头良好。经济综合实力归为第二梯队；海洋自然资源竞争力落后于山东、广东、辽宁和浙江等省，居于第二梯队；海洋产业发展能力居于第二梯队；海洋经济发展潜力相对较弱，居于第三梯队；海洋科技创新竞争力较强，居于第一梯队；海洋环境保护能力居于第二梯队。

4.4 主要结论

海洋经济综合竞争力评价体系综合反映了一个沿海地区在海洋资源、海洋产业、海洋科技、海洋环境、海洋管理等各方面的发展能力及在全国的竞争地位，各方面的发展相互促进、相互制约，共同影响沿海地区海洋经济综合竞争

力的排位和变化趋势，也表现出了一定的规律和特征。

（1）江苏省在中国沿海各省市海洋经济综合竞争力排位整体比较稳定，并有小幅度提升。2011 年以来，海洋经济综合竞争力一直处于第二梯队。

（2）从水资源、盐田资源、湿地资源、海域能源和港址资源 5 个方面的海洋自然资源竞争力来看，江苏省在中国沿海 11 个省市海洋自然资源竞争力评价排位中，落后于山东、广东、辽宁和浙江。

（3）从海洋产业发展能力来看，浙江省、广东省和山东省最强，江苏居中游，需要大力加强港口建设，发展滨海旅游等海洋第三产业。

（4）从海洋经济发展潜力来看，江苏省由于海洋经济总产值、沿海人口数量、海洋三次产业比重和涉海就业人员等原因，海洋经济发展潜力处于下游水平。在影响海洋经济发展潜力的诸多指标因素中，海洋第三产业的贡献最大，江苏省必须在促进海洋经济总量指标提高的前提下，推动海洋产业结构的不断优化升级，提高海洋服务业在海洋经济中的比重以及海洋经济占国民经济的比重。

（5）从海洋科技创新竞争力来看，江苏省在海洋科技创新竞争力方面具有绝对优势。1990 年以来，江苏省实施科技兴海战略，使得科研投入增加，海洋科研机构、海洋科技活动人员、海洋科技课题及海洋科技专利授权数增多，初步形成了一个支撑产业集聚发展、支持企业持续创新的科技服务体系。

（6）从海洋环境保护能力来看，陆源和海上污染物排海量呈增长趋势，污染海域面积逐年增加。2013 年以来，江苏省加大对沿海化工及涉海污染源的整治力度，沿海自然环境得到改善，海洋环境保护能力逐渐提高，海洋环境保护竞争力在中国沿海各省市中处于中游水平。

第 5 章　江苏省海洋经济主导产业选择

主导产业是指区域在经济发展的某个阶段，根据其市场、资源、技术、劳动力及产业基础等众多因素所选择出来的具有较大发展前景、能够带动区域其他产业发展的产业。基于江苏省海洋经济产业关联因素、增长潜力因素及生产率上升因素，对江苏省海洋经济主导产业进行探索性研究，有利于合理调整海洋资源配置，明确海洋经济发展重点，为产业政策制定提供技术依据。

5.1　主导产业指标体系构建

5.1.1　主导产业判别基准

对江苏省海洋经济主导产业进行选择，必须首先建立一套科学实用的评价指标体系。在进行评价指标选取时，很多专家学者提出了一些选择的准则，主要有罗斯托准则、筱原准则、赫希曼准则、动态比较优势准则等。总体来看，主要是从产业结构演化规律、主导产业的特点以及本地区瓶颈因素等角度来考虑的，而且这些基准在不同的社会、经济、历史条件下都有不同的侧重（表 5-1）。

表 5-1　部分陆域产业与海洋产业的对应关系

产业	陆域产业	对应海洋产业
第一产业	农业	海洋种植业
	牧业	海水养殖业
	渔业	海水捕捞
第二产业	矿产采掘业	海洋采矿、滨海矿砂
	制造业	海洋设备制造业
	化工业	海洋化工
	电力工业	海洋电力
	石油天然气	海洋油气
	食品加工业	海洋食品加工
	建筑业	海洋工程建筑
第三产业	交通运输	海洋交通运输
	商业、饮食业	海上服务业
	地质勘探业	海洋地质勘探
	旅游业	滨海旅游业
	科学研究	海洋科学技术研究

续表

产业	陆域产业	对应海洋产业
第三产业	文化、体育和娱乐业	海上运动
	公共管理	海洋综合管理

资料来源：黄良民. 2007. 中国可持续发展总纲(第 8 卷)：中国海洋资源与可持续发展. 北京：科学出版社.

为了客观准确地衡量海洋主导产业，可以参考目前比较成熟的区域经济主导产业判别基准，最后确定评价指标（表 5-2）。

表 5-2　区域海洋主导产业具体指标

判别基准	具体指标
市场潜力基准	需求收入弹性
海洋产业联动基准	影响力系数
	感应度系数
生产率上升基准	海洋技术进步贡献率
动态比较优势基准	区内增加值比重
	区位熵
可持续发展基准	成本费用利润率
	资源能源完全消耗系数

（1）产业关联度基准。产业关联度是指某一产业需求量的变化直接或间接引起其他产业部门投入生产量变化的程度，亦称为波及效果。在海洋主导产业的判别中，利用海洋产业关联度基准就是要选择那些与前向、后向产业（包括陆域产业、海洋产业）在投入产出关系上关联系数高、资源互补性强、产业互动性好的海洋产业作为主导产业。

（2）生产率上升率基准。生产率上升率是指产业产出与全部投入要素之比的增长率，它反映了产业技术进步的速度和程度。产业的生产率上升率越高，其生产率提高的能力和潜力就越大，资源、要素的利用效率就越高，产业市场竞争能力也就越强。在海洋主导产业的选择中，生产率上升率基准具体体现为海洋技术进步贡献率，即从供给的角度对海洋主导产业进行评判，要求选择生产率上升快，也就是技术进步贡献率高的海洋产业作为主导产业。

（3）增长潜力基准。产业的增长潜力，从根本上说取决于产业的需求收入弹性，收入弹性高的产品在产业结构中的比重逐渐提高，选择收入弹性高的产业作为主导产业，将促进整个产业持续高增长率，有利于创造更多国民收入。

5.1.2　海洋经济主导产业指标体系

根据上述海洋经济主导产业确定因素，结合江苏省海洋产业的具体实际和现有具备发展海洋经济的条件及优势，以江苏省 2000~2015 年各主要海洋产业增加值数据为研究对象，重点分析产业关联因素、增长潜力因素和生产率上升因素联合作用下的江苏省海洋经济主导产业（表 5-3）。

表 5-3　2000~2015 年江苏省主要海洋产业经济数据

（单位：亿元）

项目	2000 年	2001 年	2002 年	2003 年	2004 年	2005 年	2006 年	2007 年	2008 年	2009 年	2010 年	2011 年	2012 年	2013 年	2014 年	2015 年
主要海洋产业增加值	174.69	109.62	251.55	301.86	362.23	437.68	547.7	820.4	929.5	1130.4	1239	1796	1965.3	1032.55	2198.1	2438.1
海洋渔业增加值	50.05	35.3	18.34	41.85	61.71	60.25	68.89	89.66	94.12	110.58	166.2	180.2	161.74	228.12	265	313.3
海洋盐业增加值	4.26	3.75	3.76	2.14	3.42	2.02	2	1.62	1.43	9.75	2.2	1.4	1.57	1.27	0.9	0.8
海洋化工业增加值	4.2	5.3	4.59	3.07	5.55	6.05	9.75	35.12	9.91	46.28	5.9	3.8	9.2	10.02	2	2
海洋生物医药业增加值	1	1.51	4.85	5.69	4.65	5.68	7.65	9.12	11.89	13.68	15	19.3	15.4	8.07	26	30
海洋电力业增加值	11.22	12.38	13.3	15.94	18.96	25.06	20	0.8	3.81	4.34	6.2	8.1	10.34	6.51	14	16
海水利用业增加值	1.72	2	2.13	2.45	2.93	3.28	3	2	2	0.8	0.7	0.7	2.3	3.51	1	1
海洋船舶工业增加值	3.12	3.64	0.83	7.89	30.33	42.71	50.98	133.29	212.09	343.67	422.4	500	283.1	160.58	593.2	652
涉海工程建筑业增加值	0.9	1	1.2	1.4	2.46	7.87	20	26	30	38	43	53.6	56.24	81.77	100	130
海洋交通运输业增加值	5.08	2.73	0.57	15.29	10.21	19.91	111.27	134.8	248.65	228.87	679.3	838.2	912	1002.8	896	943
滨海旅游业增加值	17.5	19.6	22.3	26.22	31.88	40.2	45.6	55.7	62.5	101.8	140.9	181.6	200	234.3	300	350
海洋服务业增加值	100	133	158	198	220	250.3	272.9	312.1	350.4	403	472.2	500	679.9	155.56	887.2	1038.3

数据来源：根据《中国海洋统计年鉴（2001—2016）》《中国海洋年鉴（2001—2016）》《江苏海洋经济统计公报》整理、推算.

5.2　海洋经济主导产业选择

5.2.1　基于灰色关联的产业关联因素分析

产业关联效应是指某一产业由于自身的发展而引起其他相关产业发展的作用效果。一般认为，产业关联效应度大的产业在经济体中处在主导地位。由于海洋经济产业众多，海洋经济核算尚处在起步阶段，各产业的数据时期数较少，故考虑采用灰色关联方法分析产业关联因素。灰色关联分析可以确定经济系统内各层次各产业的主次关系，通过对事物动态过程发展态势的量化分析，分析各因素之间时间变化的动态关系及其特征，以及分析哪些因素关系较密切，从而找到系统的主要矛盾关系和主要特征。灰色关联分析模型（gray relational analysis，GRA）是一种根据系统的行为序列曲线和参考序列曲线之间的相似性或相近性程度来研究其对应的系统内部因素之间紧密程度的数学模型。

$$\gamma(z_i(k), z_j(k)) = \frac{\min\limits_i \min\limits_j \left|z_i(k) - z_j(k)\right| + \xi \max\limits_i \max\limits_j \left|z_i(k) - z_j(k)\right|}{\left|z_i(k) - z_j(k)\right| + \xi \max\limits_i \max\limits_j \left|z_i(k) - z_j(k)\right|}$$

式中，ξ是分辨系数；$z_i(k)$表示第 i 个系统在 k 期的综合发展水平；i=1,2,3,4,5 分别表示主要海洋产业子系统。则第 i 个子系统和第 j 个子系统的关联度公式为

$$\gamma(z_i, z_j) = \frac{1}{n}\sum_{k=1}^{n} \gamma(z_i(k), z_j(k))$$

式中，$r\left(z_i\left(k\right), z_j\left(k\right)\right)$为 i 和 j 系统在 k 期的邓氏关联度。将各产业与海洋经济总产出的关联度作为该产业与所有产业的综合关联基准，根据各产业对海洋经济总产出的关联度大小进行排序，从而判断各产业对海洋经济总体的关联因素的次序关系。

通过 R 软件对江苏省海洋经济数据进行了关联度矩阵计算，结果如表 5-4 所示。

表 5-4　江苏省主要海洋产业关联度及排序

产业名称	关联度	排名
海洋渔业	0.7491	5
海洋盐业	0.6393	9
海洋化工业	0.5593	11

续表

产业名称	关联度	排名
海洋生物医药业	0.8182	1
海洋电力业	0.7718	4
海水利用业	0.6846	7
海洋船舶工业	0.6449	8
涉海工程建筑业	0.7290	6
海洋交通运输业	0.6013	10
滨海旅游业	0.8097	2
海洋服务业	0.7842	3

表 5-4 显示了对应于海洋经济总产出的各主要海洋产业关联度及排序，关联度大的产业对海洋经济总产出的影响较大，反之影响较小。通过观察可以发现，海洋生物医药业、滨海旅游业、海洋服务业、海洋电力业、海洋渔业、涉海工程建筑业的关联度大于 0.7，其中海洋生物医药业的关联度最高，且高达 0.8182。即可以认为这几类产业与海洋经济总体的产业关联度较高，为备选主导产业。

5.2.2　基于弹性的增长潜力因素分析

海洋经济的可持续发展需要可持续的消费需求来支持，只有具有良好市场前景的产业才能对海洋经济增长具有较高的贡献度，才具有广阔的发展潜力。因此，海洋主导产业的选择应能充分体现市场需求情况，包括现实与潜在的需求。考虑以弹性反映不同产业的增长潜力因素，产业增长弹性大于 1 的产业是经济体增长的备选主导产业：

$$k\text{产业增长弹性}=\frac{k\text{产业平均产出增长速度}}{\text{海洋经济总产出平均增长速度}}$$

通过对江苏省各海洋产业增长弹性的计算（表 5-5），发现海洋交通运输业、海洋船舶工业、涉海工程建筑业、海洋化工业、海洋服务业、海洋生物医药业、海洋电力业 7 个产业的产业增长弹性大于 1，为备选主导产业。其中海洋交通运输业的弹性高达 8.2062，海洋船舶工业的弹性高达 4.0951，表明从 2000~2015 年这两个产业实现超高速增长，并成为江苏省的主导产业。

表 5-5　江苏省主要海洋产业增长弹性及排序

产业名称	弹性	排名
海洋渔业	0.7108	10
海洋盐业	0.8759	8
海洋化工业	1.5728	4
海洋生物医药业	1.4900	6
海洋电力业	1.3793	7
海水利用业	0.4083	11
海洋船舶工业	4.0951	2
涉海工程建筑业	1.7609	3
海洋交通运输业	8.2062	1
滨海旅游业	0.8457	9
海洋服务业	1.5425	5

5.2.3　基于 Logistic 方程的生产率上升因素分析

海洋经济中各个不同产业的要素投入存在很大差异，选择 Logistic 方程，对江苏省海洋经济产业生产率上升进行分析。Logistic 方程被广泛应用于拟合产业部门发展，能较好地描述增长特性和产品销售过程，其一般形式为

$$\mathrm{d}y/\mathrm{d}t = ky\left(L-y\right)$$

式中，y 定义为江苏省各海洋产业产值占当年海洋经济总产值的比重；L 定义为该产业比重最大的值；$\mathrm{d}y/\mathrm{d}t$ 定义为该产业产值比重的增加速度。模型可解释为：江苏省各海洋产业产值占海洋经济总产值比重的增加速度与现状比重及现状比重与最大比重之差成正比，k 为其比例系数。通过 R 软件，拟合所得的各产业系数及各产业年度 $\mathrm{d}y/\mathrm{d}t$ 如表 5-6 所示。

表 5-6 江苏省各海洋产业占海洋经济产值比重增加速度

产业名称	系数 k	2001 年	2002 年	2003 年	2004 年	2005 年	2006 年	2007 年	2008 年	2009 年	2010 年	2011 年	2012 年	2013 年	2014 年	2015 年	平均值
海洋渔业	–0.0791	0.0355	–0.2491	0.0657	0.0317	–0.0327	–0.0119	–0.0165	–0.0080	–0.0034	0.0363	–0.0338	–0.0180	0.1386	–0.1004	0.0079	–0.0105
海洋盐业	0.3685	0.0098	–0.0193	–0.0079	0.0024	–0.0048	–0.0010	–0.0017	–0.0004	0.0071	–0.0068	–0.0010	0.0000	0.0004	–0.0008	–0.0001	–0.0016
海洋化工业	1.2590	0.0243	–0.0301	–0.0081	0.0052	–0.0015	0.0040	0.0250	–0.0321	0.0303	–0.0362	–0.0026	0.0026	0.0050	–0.0088	–0.0001	–0.0015
海洋生物医药业	–0.1293	0.0081	0.0055	–0.0004	–0.0060	0.0001	0.0010	–0.0029	0.0017	–0.0007	0.0000	–0.0014	–0.0029	0.0000	0.0040	0.0005	0.0004
海洋电力业	0.4057	0.0487	–0.0601	–0.0001	–0.0005	0.0049	–0.0207	–0.0355	0.0031	–0.0003	0.0012	–0.0005	0.0008	0.0010	0.0001	0.0002	–0.0038
海水利用业	0.1439	0.0084	–0.0098	–0.0004	0.0000	–0.0006	–0.0020	–0.0030	–0.0003	–0.0014	–0.0001	–0.0002	0.0008	0.0022	–0.0029	0.0000	–0.0006
海洋船舶工业	–0.2532	0.0153	–0.0299	0.0228	0.0576	0.0139	–0.0045	0.0694	0.0657	0.0758	0.0369	–0.0625	–0.1343	0.0115	0.1144	–0.0024	0.0166
涉海工程建筑业	0.2707	0.0040	–0.0044	–0.0001	0.0022	0.0112	0.0185	–0.0048	0.0006	0.0013	0.0011	–0.0049	–0.0012	0.0506	–0.0337	0.0078	0.0032
海洋交通运输业	–0.7850	–0.0042	–0.0226	0.0484	–0.0225	0.0173	0.1577	–0.0388	0.1032	–0.0650	0.3458	–0.0816	–0.0027	0.5071	–0.5636	–0.0208	0.0238
滨海旅游业	–0.2958	0.0786	–0.0901	–0.0018	0.0011	0.0038	–0.0086	–0.0154	–0.0007	0.0228	0.0237	–0.0126	0.0007	0.1251	–0.0904	0.0071	0.0029
海洋服务业	–0.4684	0.6408	–0.5852	0.0278	–0.0486	–0.0355	–0.0736	–0.1178	–0.0034	–0.0205	0.0246	–0.1027	0.0676	–0.1953	0.2530	0.0222	–0.0098

分析可见，2001~2015 年，主要几类产业产值比重的增加速度达到最高峰，就生产率上升因素而言，海洋生物医药业、海洋船舶工业、涉海工程建筑业、海洋交通运输业、滨海旅游业位居整体产业前列，可选为备选主导产业。

5.2.4　基于 TOPSIS 方法的主导产业确立

综合考虑产业关联度、增长潜力及生产率上升三大因素，选取海洋生物医药业、滨海旅游业、海洋服务业、海洋电力业、海洋渔业、涉海工程建筑业、海洋交通运输业、海洋船舶工业作为备选主导产业，使用灰色关联度、产业增长弹性、产业产值比重增加速度 3 个指标分别表示三大决定因素，用 TOPSIS 方法对其得分进行评价，标准化后得分为

$$b_i = \frac{d_i^+}{d_i^+ + d_i^-}$$

式中，d_i^+表示距最优点的距离；d_i^- 表示距最差点的距离，得分越小越好（表 5-7）。

表 5-7　江苏省海洋经济备选主导产业

产业名称	关联度	弹性	生产率上升	得分	排名
海洋交通运输业	0.6013	8.2062	0.023846434	0.8376	1
海洋船舶工业	0.6449	4.0951	0.01663741	1.4062	2
海洋生物医药业	0.8182	1.4900	0.000438682	1.5421	3
滨海旅游业	0.8097	0.8457	0.002891797	1.5863	4
涉海工程建筑业	0.7290	1.7609	0.003211215	1.7711	5
海洋电力业	0.7718	1.3793	−0.003844372	1.8602	6
海洋服务业	0.7842	1.5425	−0.009771881	1.9637	7
海水利用业	0.6846	0.4083	−0.000629057	2.2278	8
海洋渔业	0.7491	0.7108	−0.010533722	2.2281	9
海洋盐业	0.6393	0.8759	−0.001603862	2.3713	10
海洋化工业	0.5593	1.5728	−0.001548152	2.5893	11

根据主导产业因素分析，江苏省海洋经济主导产业依次为海洋交通运输业、海洋船舶工业、海洋生物医药业、滨海旅游业、涉海工程建筑业。因此，在选择海洋经济主导产业时就必须对各个备选海洋产业进行综合全面的比较，根据市场自愿选择、政府引导、可持续准则来选择。

5.3 临港产业发展

5.3.1 临港产业概述

1. 临港产业的含义

临港产业是指基于港口的优势，以港口为中心发展相关产业，形成沿海的区域经济增长极。利用港口功能集聚能量发展临港产业，实现临港工业、临港物流业、临港商贸易的协调发展，由此拉动周边地区经济的全面发展，是城市区域经济繁荣发展的重要方式。定位准确的临港产业将诱导更多的前、后向关联产业在本地区的聚集、成长，持续提高区域经济的容量。临港产业的前、后向关联效应，能够诱导区域新兴工业部门、新技术、新型原料等产业的出现，改善、优化本地区的产业结构。同时通过临港产业的发展，加强区域间物流、人流、资金流、信息流的沟通和交流，从而对周边地区产生辐射作用，形成各有分工、优势互补、依次发展的产业布局，进而提高区域的综合竞争力。

2. 临港产业发展模式

临港产业发展从低级到高级，有自身的演变过程。根据对发达国家临港产业发展路径的分析，以及产业模式构成要素分析，尽管由于发展阶段和自身条件的不同，但是依然可以梳理出临港产业发展的规律性，概括出每一个阶段不同的发展模式，由此构成了动态临港产业发展模式的理论模型（表 5-8）。第一阶段："以货物运输为主导的海运服务业"。这是临港产业发展的初级阶段，临港地区开发缓慢，临港产业以港口为核心的海洋运输业为主，港口区位优势明显，畜牧、渔生产加工业及简单工业开始在港口周围布局，产业规模较小，中小企业零散无序地坐落于临港地区之中。第二阶段："以重制造业为主导的重工业临港产业"发展模式。此阶段临港重化工业逐渐发展起来，成为临港产业重要组成力量，临港经济抵御经济风险的能力进一步加强。第三阶段："以重轻工业为主导的混合型临港产业"。重工业为主的临港产业后期，适度地进行产业结构调整，效率低下的、落后的产业被淘汰。效率较高的、先进的技术被引进，重工业产业升级的同时，又发展出口加工业，或兼容其他轻工业。第四阶段："以高科技产业为主导的综合型临港产业"。随着临港地区经济发展，临港地区地价逐渐上涨至占地巨大的工业企业所不能接受的程度，经济效率低、科技水平低、污染严重的产业逐渐转移到内陆地区，技术密集型行业逐渐占据着临港产业的主导，集成电路、海洋生物、电子信息、新能源、新材料等高端产业逐渐占据着临港产业的主导。与此同时，金融、贸易、旅游等临港第三产业逐渐在临港地区发展壮大。

表 5-8　临港产业发展模式

模型	资源利用	产业结构	典型区域
以货物运输为主导的海运服务业	海洋渔业资源	畜牧、渔生产加工业及简单工业	坐落于沿海的渔港，如青岛沙子口渔港、威海中心渔港等
以重制造业为主导的重工业临港产业	木屑原料、铁矿石、原油等	钢铁、石化等“大进大出”的产业	曹妃甸港、湛江港、营口港等
以重轻工业为主导的混合型临港产业	钢铁、橡胶、玻璃、塑料等制造企业	汽车等深加工装备制造业、家电等轻工业	青岛港、大连港等
以高科技产业为主导的综合型临港产业	适用于高新技术产业的中下游中间产品	集成电路、海洋生物等临港第三产业	新加坡港等

5.3.2　国内外临港产业的发展

1. 国内外临港产业发展概况

临港产业对港口城市发展和区域经济的发展具有巨大的促进作用，临港产业的发展可以有效地促进地区产业结构调整和产业升级，实现区域经济的规模效益（表 5-9）。比如荷兰鹿特丹港的沿海地带、日本太平洋带状工业地带等都形成相当规模的临港大产业区。荷兰鹿特丹市是西欧的工业基地和贸易中心，拥有包括炼油、石油化工、船舶修造、港口、机械等临海临江产业带，具有现代港城的多种功能。日本沿着东京湾海岸带两翼伸延 100km，港口密布，工厂林立，构成日本最大的临港产业园区和城市集团。在这个大港口群中包括东京、川崎、横滨、横须贺、千叶、君津六大港口，形成了“京滨”产业带。该地区内分布着千人以上的大型工厂 200 多家，工业产值占其全国的 40%。洛杉矶港是美国西海岸重要的贸易港口，对城市经济的影响十分巨大。临港产业创造了几十万个就业机会和数以亿计的州和联邦政府的税收。

中国沿海港口城市发展临港工业方兴未艾。如上海为进一步巩固其国际航运中心地位，在与洋山深水港区相连的浦东南汇海港新城，建设以装备制造业为特色的临港工业区，构建以现代物流装备制造业、精密加工设备制造业、新型环保设备制造业、数字智能化自动控制装备制造业等为主体的综合装备产业集群；珠海市仅临港工业园区的工业总产值，就大约是全市工业总产值的 10%；宁波市临港工业企业有 400 家左右，其产值占全市工业总产值 1/3 以上。

表 5-9　国内外临港产业发展趋势

临港产业		特征	案例
石化产业		产品结构精细化	精细化工产值占石化产业总产值的比重（精细化率）上升到60%以上，全球精细化工产品总销售额已达3500亿~4000亿美元
		技术结构专业化	国际上石油大公司——壳牌公司产品系列的决策是在未来的五年内，如果该业务不能处于世界的前两位，则会采取资产剥离、业务转让等手段将其从公司主营业务中剔除
		产品环保化	对油品质量，欧美国家每4~5年将标准提高一级，2000年已实施欧Ⅲ标准，2005年实施欧Ⅳ标准，2010年实施欧Ⅴ标准
		资产重组全球化	全球化工巨头巴斯夫收购了霍尼韦尔公司的工程塑料，科克工业公司以44亿美元收购杜邦旗下的纤维公司
钢铁产业		梯度转移加快	德国最大的钢铁生产商蒂森克虏伯先后在中国、巴西建立了不锈钢厂、镀锌厂和板坯厂，中国宝钢和巴西矿业企业淡水河谷公司（CVRD）合资在巴西建设大型钢铁生产厂
		“近水远山”布局	宝钢拟在湛江建新厂，首钢的曹妃甸搬迁工程、辽宁的鲅鱼圈钢铁基地、山东的日照钢厂等项目
		产业重组加快	唐钢集团与邯钢集团牵头组成的河北钢铁集团于2008年6月挂牌成立，合并后产能超过3100万t
		“矿钢一体化”发展	宝钢与哈默斯利合作成立宝瑞洁矿山公司，共同开发澳大利亚西澳帕拉布杜地区铁矿项目
交通设备制造产业	汽车产业	世界范围内的集团化重组、兼并与联合	福特收购沃尔沃轿车，并购美洲豹和阿斯通马丁，以及拥有马自达1/3的股份及管理控制权
		产业链配置呈全球化趋势	处于汽车产业链当中的市场客户、分销中心、生产商、零部件供应商之间的资源配置，逐渐由过去在一个地区转向在全球范围内进行产业链资源的最优配置
		系统集成和模块化生产	传统的一个车型独享一系列零部件的生产方式，已不能满足当前汽车产业发展的需要
		产业的核心技术变革加快	福特公司的小威廉·克莱·福特预言：燃料电池将最终结束内燃机一百余年的统治
	船舶产业	重视科研与生产创新	韩国的现代重工于2004年开始使用崭新的造船技术——干船坞造船，开创了“陆地造船”的新时代
		加强供应链的建设	韩国钢铁厂沿海而建，厂区成U字形，世界各地的铁矿石等原材料从U字形一端海港进来，经过各种程序冶炼后，成品从U字形另一端运往邻近的修造船厂
		促使产业链的高端延伸	韩国积极进行产业转移，把产业链中的低端部分转移到国外，集中力量进行产业链的高端延伸，始终保持行业领先的优势
能源产业		多元化	世界能源结构先后经历了以薪柴为主、以煤为主和以石油为主的时代，现在正在向以天然气为主转变，同时，水能、核能、风能、太阳能也正得到更广泛的利用

续表

临港产业	特征	案例
能源产业	清洁化	一些发达国家已经注重核能、氢能的开发，以便减少排放污染物和温室气体
	高效化	2001~2025 年发展中国家的能源强度预计是发达国家的 2.3~3.2 倍，可见发展中国家的节能潜力巨大
造纸产业	林浆纸一体化	国际大型制浆造纸企业以多种形式建设速生丰产原料林基地，并将造林、营林、采伐、制浆、造纸与销售结合起来，形成了良性循环的产业链
临港服务业	重视物流业的基础地位	鹿特丹承担了美国向欧洲出口货物 43%的中转、欧盟 30%的外贸货物、莱茵河 3/4 的转运量、日本向西欧出口货物 34%的中转
	重视发展金融业	在国际航运中心中，纽约、新加坡及香港均是世界级的国际贸易和金融中心
	重视高端服务业	伦敦作为港口服务最发达的城市之一，其劳氏船级社、德鲁里咨询社在世界航运界名声显赫，发布的航运价目表和各种咨询报告在国际航运界发挥了重要作用

2. 国内外临港特色产业选择

临港特色产业选择建立在现有的优势产业和对未来产业发展趋势的准确把握基础上，主要包括三大内容：产业优势明显、对区域经济带动能力强的支柱产业，发展前景看好、未来在区域经济中充当重要角色的需要重点培育的新兴产业，以及具备较好的发展条件但又需要积极争取的抢滩产业。

1）鹿特丹、新加坡等依靠港口优势形成国际航运中心或经济中心

鹿特丹和新加坡的沿海开发，是以港口建设起步，带动国际贸易和重化工业基地建设而发展成为世界著名国际航运中心和经济中心。该类型区域往往具有十分优越的深水港条件、全球要冲的区位条件以及广阔发达的腹地支持。如鹿特丹依托优越的港口区位条件和配套完善的基础设施，承担了美国向欧洲出口货物 43%的中转、欧盟 30%的外贸货物、莱茵河 3/4 的转运量和日本向西欧出口货物 34%的中转，港口及其相关产业对经济的贡献率达到 50%以上。新加坡凭借港口的特殊区位和自由港政策，积极培育港口物流链和临港产业链，通过港口、工业和城市互动和提升，确立了其国际贸易和运输中心地位。

2）迪拜、日照、秦皇岛等以大宗货物中转带动港口城市兴起

一些中型港口城市发展，有赖于大宗货运中转的“特属专营权”。如阿联酋迪拜港依托其石油输出港优势，不断拓展港口综合功能，带动了整个城市经济的快速发展。中国秦皇岛和日照，也属于这种类型。日照充分利用能源输出港和矿石中转港的优势，带动了港口服务业和钢铁等临港工业发展；秦皇岛市充分利用中国最大的煤炭输出港优势，初步形成了机械制造、金属压延、粮油食品、玻璃工业四大临港优势产业，城市经济实现快速发展。

3）名古屋、宁波等沿海港口与工业互动发展，进而拉动城市功能和地位提升

对大部分沿海地区的开发而言，不可能集国际航运中心与临港大产业于一身，也很难获取所谓“特属专营权”。因此港口与工业互动发展，是大部分沿海地区，尤其是处于国际航运中心周边的港口区域普遍遵循的开发模式。如名古屋，处于阪神与东京等大港的夹缝中，但港口和城市发展仍欣欣向荣，这是因为临港地区集聚了大量的汽车、钢铁、机械、石油化工产业，尤其是丰田汽车城的发展为名古屋港提供了大量的货源支撑。宁波充分利用深水港优势和后方陆域面积大及保税区毗邻港区等优势，大力发展临港工业，目前已形成四个港口工业基地，这不仅优化了产业结构，而且极大地提升了港口地位，也确立了宁波作为长三角的副中心之一的地位。

4）夏威夷、冰岛、舟山等依托海洋资源刺激区域经济振兴

除了依托港口发展，沿海地区还可利用海洋渔业、旅游等多种资源，因地制宜，同样可以获得很好的发展机会。如只有 120 万人口的夏威夷地区，依靠得天独厚的 3S 资源，每年吸引 740 万游客，旅游收入占当地总产值的 60%，兴旺的滨海旅游业使其经济增长率始终高于全美经济平均增长水平；冰岛和中国舟山则主要发展海洋渔业，渔业提供冰岛 60%的出口收入，8%的就业岗位，也成为全球较富裕且环境优美的区域。

5）香港、深圳等凭借特殊政策与区位条件实现港口和城市经济崛起

在新经济条件的港口发展过程中，特殊的政策和区位条件仍是促进港口和城市经济崛起的重要因素（表 5-10）。如香港充分发挥自由港优势，利用与 100

表 5-10　中国主要沿海城市的临港产业发展情况

城市	临港产业的发展情况
香港	港口贸易货值占香港贸易总值的 50%、与港口相关的经济收入占香港生产总值的 20%、港口业就业人数则占到整体就业人口的 1/5，建立在港口优势基础上的物流产业更被香港视为四大支柱产业之一
大连	着力打造石化、船舶制造、装备制造、电子信息产业和软件四大临海产业基地
天津	构建临海工业产业带，大力发展港口加工业，扩大冶金工业基地的规模，形成石油、海洋化工、钢铁上下游产业集群；利用物流成本低的集聚效应，建立轻工业品产业，结合保税区的政策优势，发展保税仓储、加工贸易等产业；发挥港口和海洋优势，大力发展仓储业，运输中介、服务等综合服务业
山东	形成了以石油、重化、轻纺、电子、海盐和盐化、滨海农业、海洋港口运输业、滨海旅游业和高新技术产业为依托的临海产业体系
上海	目前上海的临海产业主要是以物流、石化、船舶制造以及微电子产业为主，随着洋山深水港和临港新城的建设，今后上海还在现有临海产业的基础上，发展装备制造、汽车及零部件、精密仪器制造等产业，形成外高桥、临港新城、金山临海产业带
宁波	以石化、钢铁、造纸、修造船、能源五大重工业基地为重点形成临港工业带
舟山	以船舶工业、海水产品精深加工业、环杭州湾重要的临港重化工、大宗货物加工业、深水港口物流基地为重点，构筑“一轴两翼”的临海产业发展格局

多个国家（地区）460 多个港口的贸易航运，在重点发展转口贸易的基础上，积极发展生产服务业和加工制造业，成就了香港的繁荣，其中港口业务及相关工业占本地生产总值和就业率都达到 20%。深圳充分利用经济特区优惠政策及紧邻香港的区位优势，很快成为香港经济转型、劳动力密集型产业出走的第一目的地，并成为大规模吸引外资和引进技术的先驱。正是改革开放的“先发”，创造了城市发展奇迹。

3. 国内外临港产业发展启示

（1）发展临港产业应利用口岸的优势，通过临港产业的发展带动港口及城市的发展。做好港口发展规划，不仅要“以港兴市”，还要“以市促港”，用城市的发展带动港口及临港产业的发展，实现港市互动。

（2）发展临港产业首先应侧重发展临港工业。临港工业能够为港口提供持续、稳定的货源，有利于保证港口吞吐量的稳步提高；发展临港工业可以产生大量的物流需求，继而带动港口物流业和商贸业的发展；发展临港工业可以吸引大量的中外投资，这不仅有利于港口地位的提升，也有利于地区经济的增长。

（3）政府在发展临港产业过程中应发挥积极的作用。其作用主要体现在：一要搞好临港产业的总体规划，包括土地的使用、产业结构的调整以及配套设施的建设等；二要出台相应的发展政策，积极开展招商引资以及与相关部门相互协调，保证临港产业健康、快速地发展。

5.3.3　江苏省沿海临港产业选择

1. 沿海港口发展

江苏省拥有漫长的海岸线，整个东部地带毗邻太平洋，江苏省沿海地区从北向南依次包括连云港、盐城、南通三个地级市。中国东部沿海、长江沿线、陇海—兰新铁路沿线三大生产力布局主轴线交汇在江苏沿海地区。作为长三角经济圈重要组成部分，南部与经济重心上海相邻，区位优势明显。经过多年的发展，江苏省沿海地区已经形成以北部的连云港港为核心，中部的盐城港和南部的南通港不断协调发展，包括 3 个大型中心城市港口，多个分部港区的总体发展格局。2012 年港口货物吞吐量已突破 2×10^8t，达到 2.32×10^8t；2015 年港口货物吞吐量突破 3×10^8t，达到 3.02×10^8t；2016 年江苏省沿海港口货物的吞吐量达到 3.16×10^8t，同比增长 4.64%（图 5-1）。

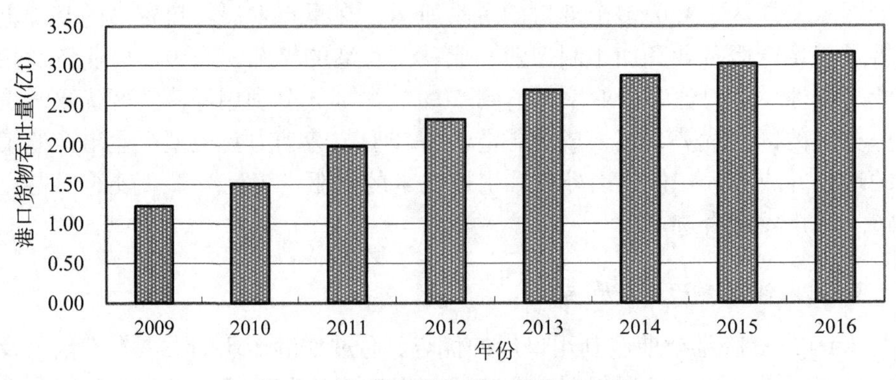

图 5-1　江苏省沿海港口货物吞吐量

2. 港口腹地经济

2016 年，江苏省沿海地区全年实现生产总值 13 720.76 亿元，增长 9.6%，占江苏省比重 18%；沿海居民收入持续增加，城镇居民人均可支配收入 33 694 元，同比增长 8.2%，高于全省 0.2 个百分点；农村居民人均可支配收入 17 015 元，同比增长 8.8%，高于全省 0.5 个百分点；规模以上工业增加值 6806.73 亿元，同比增长 9.7%，占全省比重 19.2%；固定资产投资总额 11 079.94 亿元，增长 12.8%，增幅超过全省平均水平 5.3 个百分点，占全省比重 22.4%，比上年同期提高 0.99 个百分点；第三产业增加值 6248.99 亿元，同比增长 10.6%（图 5-2~ 图 5-4）。

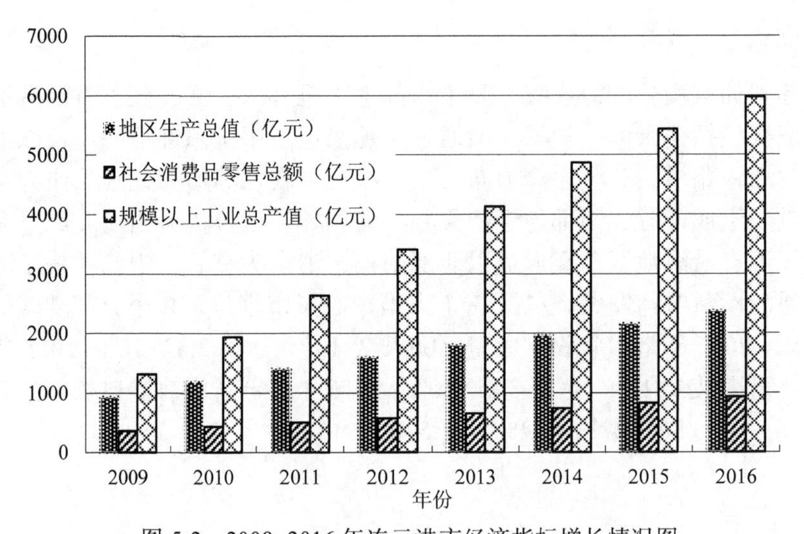

图 5-2　2009~2016 年连云港市经济指标增长情况图

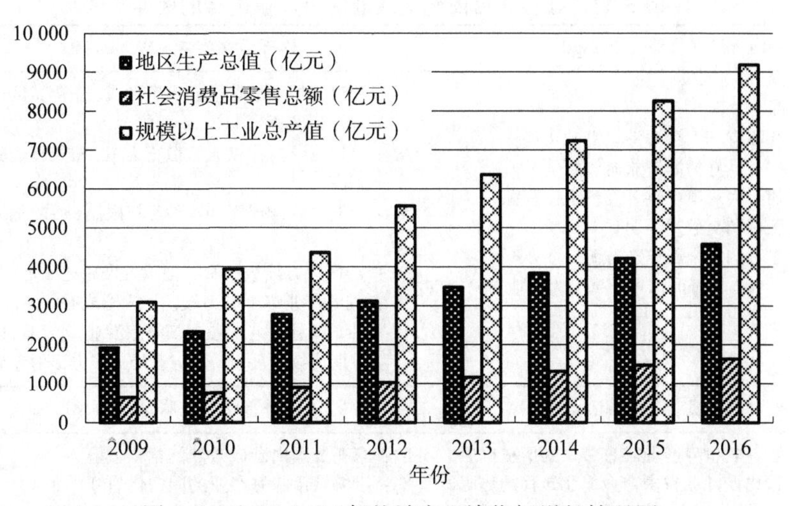

图 5-3　2009~2016 年盐城市经济指标增长情况图

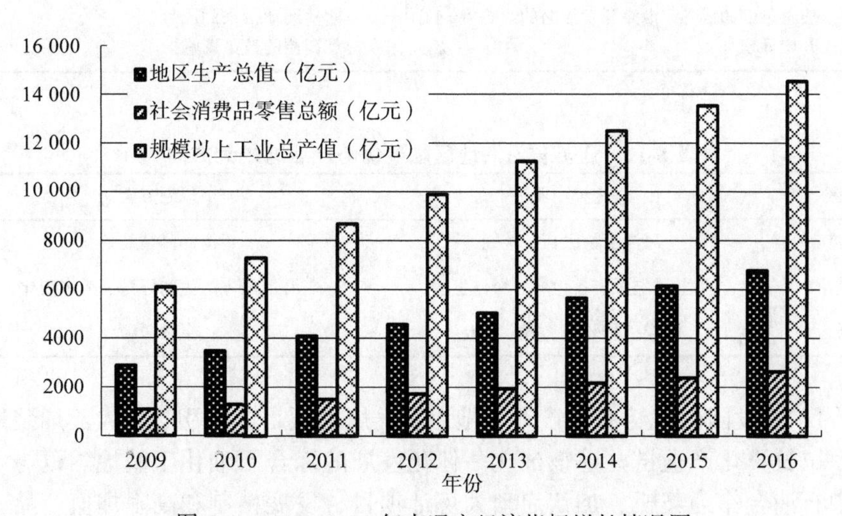

图 5-4　2009~2016 年南通市经济指标增长情况图

3. 临港特色产业发展方向

充分认识江苏省沿海地区发展临港产业的内外条件（表 5-11），扩大开放、集聚要素、繁荣物流、服务产业等功能，着重打造新医药、新材料、新能源和高端装备制造四大优势临港产业，尽快将临港产业打造成为支撑江苏沿海经济发展的战略性支柱产业，拉动产业和城市化快速发展，形成港、产、城互动发展的良好格局（表 5-12）。

表 5-11 江苏省沿海地区临港优势产业选择的条件

	内部潜在优势（Strengths）	内部潜在劣势（Weaknesses）
内部环境	S_1：江苏省三大沿海港口群的优势 S_2：拥有良好的滨海旅游资源 S_3：拥有大规模可供开发的土地资源 S_4：区位和交通优势明显 S_5：丰富的非金属矿产资源 S_6：954km 良好的岸线资源，为产业布局提供支撑	W_1：港口与城市的融合还没有形成，东部城区优势还没有得到发挥 W_2：港口吞吐货物以大宗散货为主，集装箱运输比例还不高 W_3：受港口建设规模和腹地经济限制，吞吐能力提高有限 W_4：港区后方陆域狭窄，建设发展用地不足 W_5：临海产业集聚能力较差，未形成有效的产业集群 W_6：沿海区域临港工业与滨海旅游业、短期快速发展与长期持续发展、局部与全局等多方面的矛盾与冲突
	外部潜在机会（Opportunities）	外部潜在威胁（Threats）
外部环境	O_1：新一轮世界产业转移带来的历史机遇 O_2：国内及江苏省内产业向北转移趋势明显 O_3：江苏省东陇海和沿海开发战略带来的机遇 O_4：港口物流产业大发展带来的机遇 O_5：随着条件的成熟，沿海开发战略的影响将开始显现	T_1：东亚及国内港口激烈的竞争态势 T_2：沿海城市临海产业的同构化趋势严重 T_3：周边山东、上海和苏北其他城市对资源的争夺 T_4：中国对外贸易环境变化带来的不确定性 T_5：产业周期性波动带来的风险 T_6：国家宏观调控的政策影响

表 5-12 江苏省沿海地区临港优势产业与规划方向

地区	优势产业	规划方向
连云港市	海洋生物医药、核能	海洋高精装备
盐城市	海上风电及装备生产、海洋生物	海上风电、生物医药、海水淡化
南通市	海洋工程装备、海上风电	生物医药

（1）建设国内优势石化产业基地。以大炼油项目为牵引，以大乙烯装置为龙头，拉长石化产业链，建设油化一体化发展的综合石油化工基地。以与中石化、中石油合作为契机，加快启动大炼油项目，发展精制和高附加值产品。在此基础上，进一步发展汽车专用油料、建筑和纺织用新材料等新型材料和深加工项目。

（2）发展特色汽车产业。依托悦达起亚及国内外大型企业集团发展中重型卡车、轿车，以及专用车、新能源汽车、智能汽车、特种车和城市客车，以整车带动发动机、汽车电子等关键零部件产业集聚。

（3）建设全国重要的船舶工业基地。依托中远川崎造船重工等大企业建设造修船基地、船舶配套基地、船舶研发中心，发展船用配套设备设计制造中心，建设长三角船用配套设备最集中的集散地、船用材料及设备制造采购中心和船舶产业技术、人才汇聚区。

（4）建设“一带一路”节点物流中心。紧紧围绕完善国际中转、国际配送、国际采购、国际转口贸易四大功能，大力发展保税、仓储、加工、配送、信息、管理等现代综合物流服务业，着力构建港口腹地经济与现代物流发展互促互进、产业联动、资源共享、功能互补、特色鲜明的现代物流发展格局。

（5）发展港口综合服务业。大力发展与港口航运相配套的金融、保险服务，海事中介、法律服务，港口燃料、淡水及船舶物料供应服务，船员服务，船舶垃圾回收、船舶修理等综合服务业，把江苏省沿海建成国内外著名的航运补给中心。

（6）培育海洋新兴产业。连云港市要发挥新能源、新材料、新医药、新型装备制造“四新”产业基础和科研优势，突出发展蕴含高新技术的海洋生物医药、海水综合利用、海洋可再生能源、海洋高精装备制造等产业，重点发展海洋生物医药业、海洋装备制造业、海洋新材料产业、清洁能源产业、海水综合利用业、海水生态农业、海洋工程建筑业；盐城市在绿色能源、环保装备、海上风电、生物医药等海洋特色产业基础上，大力培育港口经济、海洋生物、航空装备、新能源汽车、海水淡化等新兴产业；南通市要积极培育船舶和海洋工程装备制造业、海洋生物医药、风电等产业。

5.3.4　海洋产业拓展

1. *海洋产业发展战略互动*

拓展“L”型海洋经济核心带，架构“E”型海洋经济支撑带。在提升沿海沿江“L”型海洋经济核心带的同时，贯彻“1+3”功能区战略，培育沿海经济带、沿东陇海线、沿淮河生态经济带、沿长江四条“E”型海洋经济支撑带，不断增强腹地和产业支撑，拓展蓝色经济空间，形成特色鲜明、优势互补、集聚度高的海洋经济空间布局；加强以港口、港城为节点的沿东陇海经济带、沿江经济带和丝绸之路经济带建设，实施域内外港口、腹地联动发展战略；发挥沿海经济带的域内纽带作用，优化产业布局，把适宜临海发展的产业逐渐向沿海转移，相关海洋产业链向陆域经济延伸，促进产业集聚，构建具有国际竞争力的现代海洋产业体系。

2. *海洋三产融合发展*

深耕“第六产业”，助推一、二、三产业融合发展。巩固海洋第一产业的基础地位，加强科技创新，健全服务体系，大力实施现代海洋渔业重点工程，打造沿海百万亩高效生态养殖基地。强化海洋第二产业的支柱作用，以结构调整为主线，着力打造以海洋船舶、装备制造、海洋风电、海洋医药、海水淡化等产业为重点带动能力强的海洋优势产业集群。提升海洋第三产业的引领和服务作用，加快发展生产性和生活性服务业，积极推进服务业综合改革，构建充满活力、特色突出、优势互补的服务业发展格局；做好产业融合发展，通过更有效的组织方式和更紧密的利益联结机制，把海洋一、二、三产业的发展更好地结合起来，促进海洋产业集聚与融合发展。

3. 海洋产业结构优化

培育“新、特产业”，打造海洋高端产业的集聚基地和海洋高新技术研发基地。顺应“1+3”功能区战略及产业集聚发展的趋势，着力推进海洋新、特产业建设，打造具有国际竞争力的现代海洋产业新、特集聚区。着力培育新医药、新材料产业，充分利用沿海海洋资源的独特优势，形成一批集中度高、竞争力强、发展潜力大的新医药、新材料群；大力发展新能源产业、海洋环保科技产业，巩固放大盐城国家海上风电产业区域集聚发展试点效应，推进以“风电水一体化”为主的海水淡化成套装备产业化进程；重点发展智能海工、海洋工程装备制造业，依托南通海工优势，瞄准智能海工目标，打造千亿元级海洋工程装备制造产业基地。

4. 海洋产业链延展

延展“六大产业”，提升海洋产业的核心竞争力和专业化水平。以沿海百万亩高效生态养殖基地为龙头，打造工厂化循环水养殖—冷链加工—市场交易—休闲的现代海洋渔业产业链；以沿海风光电基地为龙头，推广海水工业冷却—海水淡化—浓海水制盐—提取化学原料—废料生产建材的海水综合利用循环经济产业链；以南通中远川崎船舶为龙头，打造船舶造修、海洋工程装备制造一体化产业链；以石化产业基地为龙头，打造存储—炼油—乙烯生产—轻纺加工循环经济产业链；以港口为龙头，加快建设“一带一路”、长江经济带航运中心和国际物流中心，打造现代港航物流产业链，条件成熟时开展建立自由贸易港区、滨海新区的改革探索；以滨海旅游区域为重点，着力推进海洋旅游与山水文化、滩涂文化、江海文化深度融合，打造海洋旅游产业链。

5. 海洋产业空间布局扩展

分异“产业空间”，创新沿海到远海、浅海到深海递进式立体开发模式。遵循海洋经济自然属性和发展规律，坚持陆海联动、远近统筹、协调发展，形成以沿海陆域为基础，近岸海域为主体，沿海滩涂为抓手，远海、深海海域为契机的产业协调发展新格局。构建“一带、三港群、三功能区板块”，把沿海地区打造成“一带一路”的陆海统筹发展示范中心，临港产业集聚中心、江海联动发展中心；构筑“试验区、综合开发区、绿色城镇带”，推进滩涂综合开发试验区、临港产业综合开发区、沿海绿色城镇带建设；建设“近岸海域综合开发与保护实验区”，加强海洋保护区建设，发展近海特色产业，打造旅游休闲娱乐区；拓展“蓝色经济”发展空间，发展远洋渔业，巩固远洋运输业，推动深海资源开发，助力深海装备制造业发展。

6. 陆海统筹不断深化

共建“园区廊道”，培育多元市场主体。深化沿海经济带与长江经济带“南北产业园区共建”，鼓励扬子江城市群重大产业转移项目落户苏北。沿海经济带与长江经济带间的梯度转移，实现“发达地区缺空间，欠发达地区缺机会”“双赢”，带动了区域产业的发展，沿海经济带与长江经济带共建“南北产业园区”，统筹了带际发展；实现淮海经济区、江淮生态经济区与沿海经济区间共建“东西物流廊道”，推动港口的共建共享，合作建设经贸合作区和产业集聚区；发挥连云港市、盐城市、南通市陆海合作战略支点作用，建好港口载体，担纲沿海经济带发展中的龙头。

5.4　主要结论

（1）综合考虑产业关联度、增长潜力及生产率上升三大因素，江苏省海洋经济主导产业依次为海洋交通运输业、海洋船舶工业、海洋生物医药业、滨海旅游业、涉海工程建筑业。因此，在选择海洋经济主导产业时就必须对备选各个海洋产业进行综合全面的比较，根据市场自愿选择、政府引导、可持续准则来选择。

（2）充分认识江苏省沿海地区发展临港产业的内外条件，着重打造新医药、新材料、新能源和高端装备制造四大优势临港产业，尽快将临港产业打造成为支撑江苏沿海经济发展的战略性支柱产业。

（3）发展临港产业应利用口岸的优势，应侧重发展临港工业。发展临港工业可以产生大量的物流需求，继而带动港口物流业和商贸业的发展；发展临港工业可以吸引大量的中外投资，这不仅有利于港口地位的提升，也有利于江苏省沿海地区经济的增长。

第6章　江苏省沿海港口资源整合

6.1　港口资源整合的背景与意义

为加快推进江苏区域统筹协调发展，江苏省委、省政府提出了“1+3”功能区战略构想，其中“3”的要义之一就是要在盐城、连云港、南通沿海区域发展临港经济，建设沿海经济带。这一战略构想强化了主体功能区的概念，不再把地理界线而是把资源禀赋、发展阶段、功能定位等作为划分区域发展的主要依据。在重构江苏区域功能布局的格局中，沿海港口资源整合对沿海经济带的形成与发展起着龙头与核心作用。

6.1.1　港口资源整合的背景

2003年，原交通部在《关于贯彻落实胡锦涛总书记指示精神，进一步推进沿海港口发展的意见》中提出“沿海港口要加快资源整合，突破行政区划界限，充分发挥港口的群体优势”。2005年，国家发展改革委和原交通部下发了《长江三角洲、珠江三角洲、渤海湾三区域沿海港口建设规划》，通过行政调控和产权连接等途径，港口资源整合的步伐明显加快。2006年，原交通部下发《全国沿海港口布局规划》，提出建设环渤海、长江三角洲、东南沿海、珠江三角洲和西南沿海五大港口群的总体架构。2009年，国务院在《关于推进上海加快发展现代服务业和先进制造业、建设国际金融中心的意见》中提出“整合长江三角洲港口资源”。2011年，交通运输部在《关于促进沿海港口健康持续发展的意见》中提出要“继续推进港口结构调整与资源整合”“港口行政主管部门要根据市场规律和港口实际，稳妥推进港口资源整合，鼓励以优势港口企业为主，采取合资合作、兼并重组等多种形式实施企业间资源整合，优化港口资源配置”。2014年，交通运输部在《关于推进港口转型升级的指导意见》中再次提出要“发挥资本纽带作用，优化资源配置，促进区域港口协调发展”，要“防止新港区低水平重复建设和过度超前”。同年，交通运输部出台《关于全面深化交通运输改革的意见》，指出要“理顺港口管理体制，推动港口资源整合，促进区域港口集约化、一体化发展”。2016年5月，交通运输部发布《水运“十三五”发展规划》，从行业主管层面对资源整合工作提出要求，指出在“十三五”期间，要推动港口资源整合，鼓励以资本为纽带，跨区域建设经营港口设施，实现区域内港航资源和要素的优化整合，促进区域内港口的合理分工和港口群的优化发展。资源整合与区域一体化工作将是“十三五”阶段港口转型发展的重要内容。2016 年 7 月，江苏省委、省政府在《关于新一轮支持沿海发展的若干意见》中提出要“推动沿海港口共建共享、基础设施互联互通、产业发展优势互补、海陆资源统筹配置，促进区域一体化发展”。2017 年 3 月，江苏省交通厅在《江苏省港口“十三五”发展规划》中强调推动港口与长三角、长江中上游港口的合作，深化港、航、船、货合作机制建设，实现港口在更大区域范围和更广领域的合作共赢发展。2017 年 5 月，江苏省政府公布了《江苏省沿江沿海港口布局规划（2015—2030 年）》，指出江苏省港口形成以连云港港、南京港、镇江港、苏州港、南通港为主要港口，扬州港、无锡（江阴）港、泰州港、常州港、盐城港为地区性重要港口，分工合作、协调发展的分层次发展格局。这些相关文件的出台为港口资源整合和创新发展提供了政策保障。

6.1.2　港口资源整合的意义

港口资源整合对于优化岸线配置、改善港口布局、增强港口投资与运营的效益具有正面价值。

1. 有利于贯彻落实“一带一路”倡议，提升沿海港口竞争力

从整个国家战略层面来看，港口资源整合逐步由单点式向区域式发展转变符合国家战略转变的趋势。以优质的港口设施、发达的物流体系、关键的地理区位为基础条件，以高度完善集聚的航运服务业为核心驱动，以开放便利的综合环境为支撑保障，在“一带一路”倡议中充当重要的物流节点和项目运作参与者，对于抢抓国家重大战略机遇，进一步拓展江苏经济发展新空间至关重要。

2. 有利于提升区域综合实力，促进区域经济一体化发展

通过资源整合，在增强港口群综合实力的同时，有利于差异化布局临港产业，即根据不同港口发展阶段、产业定位合理布局相应的临港重化工业（修造船、能源、石化、钢铁、造纸）、加工制造业、航运服务业以及商贸休闲旅游产业等，并通过以大港口带动中小港口发展，并逐步拓展辐射腹地经济的路径，在促进大港口、大城市转型发展的同时也带动小港口、小城市的快速发展，进而推进区域经济一体化进程。

3. 有利于促进港口转型，实现港口群集约化发展

合理的资源整合有利于区域港口资源的优化配置，实现专业化分工和差异化发展，有利于完善港口布局、优化港口功能结构，最大限度地发挥港口群的

规模经济效益和社会效益，是深化体制改革、优化沿海港口布局、实现港口从粗放式发展向集约化发展转变的重要举措。

4. 有利于提高企业经营效益，培育具有竞争力的综合运营商

港口资源整合不仅仅在于码头资源，更重要的是包括引航、补给、集疏运设施、物流堆场、营销网络等资源在内的全面整合，一方面可以大幅度降低运营成本，提高资源利用率；另一方面可以鼓励企业跨区域开展合资合作，鼓励形成利益共同体，有效避免恶性竞争的同时，逐步培育具有较强竞争实力的综合运营商。

6.2 国内外经验借鉴

江苏省沿海港口群已初步形成协调发展、层次分明、重心突出的格局，但港口发展与它们承担的任务相比还有很大差距，还存在着一些结构性矛盾。因此，借鉴国内外港口资源整合经验，对于促进沿海港口发展具有指导意义（表 6-1）。

表 6-1 “十五”以来中国港口资源整合的基本进展情况

年份	港口资源	整合进展
1997	上海、江苏、浙江等地港口	国务院批准原交通部、江苏省、浙江省、上海市联合组建上海组合港领导小组及其办公室
2003	日照港、岚山港	原日照港务局与岚山港务局企业部分联合重组为日照港（集团）有限公司
	太仓港、常熟港、张家港港	苏州港口管理委员会成立，太仓、常熟、张家港三港组合成苏州港
2005	青岛港、威海港	青岛港和威海港共同投资设立威海青威集装箱码头有限公司
	上海港与长江诸港	上海港实施“长江发展战略”，通过参股、控股等方式分别与武汉、南京、重庆、九江、南通、长沙、太仓等港进行资源整合
2006	宁波港、舟山港	宁波港、舟山港两港合并成立了宁波-舟山港管理委员会
	厦门港、漳州港	厦门和漳州两市所管辖的 8 个港区成立新的厦门港口管理局
	烟台港、龙口港	烟台和龙口两港整合重组成立烟台港务集团
2007	防城港、钦州港、北海港	广西的防城、钦州、北海三港成立广西北部湾国际港务局
	青岛港、日照港	青岛和日照两港合资共同经营日照港集装箱码头
2008	大连港、锦州港	大连港和锦州港组建了共同开发锦州港西部海域的合资公司
	武汉港、鄂州港、黄冈港、咸宁港	武汉、鄂州、黄冈、咸宁跨地域的四港合一，组建武汉新港
2009	青岛港、烟台港、日照港	青岛、烟台、日照三港联合建设以青岛港为龙头，以日照和烟台两港为两翼的东北亚国际航运中心

续表

年份	港口资源	整合进展
2009	秦皇岛港、曹妃甸港、黄骅港	秦皇岛、曹妃甸、黄骅三港联合组建了河北港口集团有限公司
2011	福州港、宁德港	福州市港口管理局和宁德港务局合并组建跨行政区划的港口管理机构，成立福建省福州港口管理局
2012	大连港、锦州港	锦州港国有资产经营管理有限公司将持有的占锦州港总股本5.03%的股份协议转让给大连港集团
2015	天津港、河北港口集团	天津港（集团）有限公司与河北港口集团有限公司签署框架合作协议
	宁波港、舟山港、嘉兴港、台州港、温州港	宁波港、舟山港、嘉兴港、台州港和温州港五大港口的港口公司，成立浙江省海港投资运营集团有限公司
2016	天津港、唐山港	天津港集团与唐山港集团共同出资组建唐山集装箱码头有限公司
	宁波港、舟山港	宁波港股份有限公司收购舟山港股份有限公司

6.2.1　国内港口资源整合案例

1. 北部湾港口资源整合

广西北部港湾是由防城港、钦州港、北海港三大港统一使用的名称。过去，在广西北部沿江各市基本上是“一市一港”或“一市多港”，以行政区划为限进行港口建设，港口有许多重复设施建设，造成资源的过度浪费，散乱的港口布局严重制约着广西港口经济的发展。《广西北部湾港总体规划》提出，三大港口统一使用北部湾这一名称，并对港口进行统一的规划，对目前港口现状和岸线作出规划，对港口做出了明确的分工，港口的功能进行定位，规划的提出从一定程度上杜绝了港口的恶性竞争和港口间的重复建设。

2. 苏州港资源整合

苏州港是常熟港、太仓港、张家港港组建的新港口。苏州港在整合时，对于那些对环境影响大、对经济提高贡献小、资源利用率低的码头进行整合，不断使码头公用化。整合后的苏州港，在资源的利用方面更加的高效和集约；在资源优势方面进行合理的规划，使港口实现优势互补、错位发展，特别是张家港港区对周围海滩进行整治，对岸线进行有效开发。

3. 宁波-舟山港

2006年1月，浙江省政府将宁波和舟山两港合一，设立宁波-舟山港管理委员会，主要负责宁波、舟山港口的规划管理和深水岸线的有序开发，协调两港一体化重大项目建设和两港生产经营秩序及有关规章制度的制定、执行，负责两港统计数据的汇总、上报和统一发布，以及协调两港对外宣传和招商引资工作。在两港整合起步阶段，宁波、舟山两市港口行政管理部门仍按属地管理原则依法行使具体港口管理职能；外贸船舶和货物进出港时，仍分别向宁波、舟山两市的口岸、港口等管理部门及相关港口企业申请，其工作流程不变。

4. 厦门港资源整合

2005 年，厦门湾港口一体化工作正式启动，到 2010 年 8 月又将 4 个港区并入厦门港，达到 14 个港区，这不但解决了厦门港长远发展的资源瓶颈问题，同时一体化工作的启动对港口功能进一步优化、资源的配置提供了巨大的推动力。厦门港口管理局实行了“政府主导型+紧密型”方式。在政府推动下，对原来的行政管理进行修改，在所有港区采取同一政策，同港同政策有效地实现了港口的功能，统一分工、合理布局使港口资源得到高效的利用，资源的整合避免了同一港区内港口无序竞争的现象，而是形成一个整体，一致对外开放，实现港口的快速发展。

6.2.2 国外港口资源整合案例

1. 纽约-新泽西港资源整合

纽约-新泽西港位于美国东部，是由纽约港、新泽西港经过资源整合组成的港口。纽约-新泽西港口是国外港口中比较典型的地主港模式，港务局运用灵活的管理模式，将港口设施租赁给企业去经营，港口获得的所有利益无须上缴给政府，全部用于港口的发展建设；利用多元化的港口战略，重视经济的发展和港口服务的质量。

2. 鹿特丹港资源整合

鹿特丹港是欧洲的门户，是欧洲第一大港；同时也是欧洲最大的集装箱码头，鹿特丹港是国外实行地主港模式的典型港口，而且实行地主港模式的同时与多种政策并存。在港口服务方面：实现了货物仓储、运输、销售一条龙服务。货物运输方面：有公路、铁路、驳船等密集的运输系统。物流系统方面：建立了完善的集疏运系统、临港产业和物流园区功能齐全。政策方面：港口实行自由港政策和港口优惠政策并存。

3. 新加坡港口资源整合

新加坡港是国际上著名的中转港口，集装箱中转业务是港口的最大特色。

新加坡港口根据港口自身特点，制定了适合港口的发展经营战略。首先，新加坡港口实行自由港政策与多种优惠政策并存；其次，大力发展临港工业，充分利用区位优势，发展港口特色产业，如炼油产业；最后，不断提高港口软实力建设，拓展港口的服务能力，提高港口综合服务水平。

6.2.3　国内外港口资源整合的经验借鉴

国内外港口实践证明，港口资源整合能大大提升港口群经济集聚和产业派生能力，使港口所在城市从被动型生产力布局转变为主动型生产力布局，从过去过分依赖内陆腹地资源转变为综合利用海内外资源，创造新的经济增长点和产业链。因此，国内外港口资源整合经验可为我国港口群发展借鉴。

1. 强化岸线管理，实现集约开发

在高密度的口岸聚集区，往往存在货源布局上交叉的众多小型港口。因此，针对目前可直接使用岸线资源有限这一实际情况，要尽早科学地进行规划，按照“深水深用、浅水浅用、统一规划、统一管理、综合开发、服务市场”的原则，以深水泊位开发建设为重点，整合、整治、开发三路并进，进一步优化配置港口资源，打造港口集群优势，集约开发港口、工业、仓储等生产性岸线。政府部门应出台专门的调控措施，防止发生恶性竞争，尽量避免重复建设。各港要形成自己的特色，实现差别竞争、错位发展。

2. 加强行业合作，实现规模经济

国外港口的发展体现出港口独特的产业特征，要求天然的规模效益和社会效益，这导致了港口经营活动特有的追求垄断性。由于存在行业壁垒，冶金、电力、交通、农业和军队等往往修建各自的专用港口，导致了对岸线资源的严重破坏。因此，国外港口的发展十分强调各行业间的协调与合作，使港口资源开发利用能够综合交通、水利、农业等各行业利益，同时兼顾区域产业特点，从而实现范围经济，提升港口群的核心竞争力。

3. 淡化行政区划，实现分工协作

港口群的发展并不仅仅是为了各港盈利需要，也是适应国际航运市场竞争、发挥各港特定作用的需要。在国外港口资源整合中，区位优势和产业集群优势发挥效果明显，我国要将港口做大做强，就势必要打破行政区划限制，用港口群的自然属性和经济规律来协调发展，在市场竞争中对港口进行资源整合，巩固枢纽港的主导地位，充分发挥支线港和喂给港的辅助作用。通过制定和完善岸线利用规划和港口群发展规划，进一步加强港口群内部的分工协作，促进港口整体协调发展，在共有腹地中相互依存，在互补中形成规模效益。

4. 推进综合建设，实现现代物流

世界上的大河开发有以下几种模式：一是观光模式；二是以防洪为主模式；三是水电开发模式；四是航运综合模式。要顺利实现港口综合开发的奋斗目标就应该有效整合港口资源，以航运综合模式推进港口建设。同时，要形成以区位优势和产业集群优势为依托的产业链，按照综合开发原则，发展现代物流，提升港口功能。各港口需借鉴国外发展港口物流的先进经验，大力实施“区港一体”战略，以现代化电子信息平台、公共服务平台健全现代物流企业网络，充分利用港口和沿江物流量大的优势，重点发展保税区现代物流中心。

5. 采取“点—轴—面”开发，实现港城互动

港口的形成和发展，促进了城市（区域）的兴起，而城市经济的振兴又带动了港口规模的扩大，港口与城市区域之间体现出一种共生共长关系。现代港口的竞争能力不仅依赖其内部功能，而且也日益依赖于相关城市的经济效益。以大城市为核心，沿河地带为轴线，扩及腹地的“点—轴—面”模式，是流域开发实践中被广泛采用的产业及城市发展模式。港口经济的发展要以动态的眼光看产业布局，强化各城市间的经济联系，提升区域产业整体实力和综合竞争力，增强对其他地区经济发展的辐射和带动能力。

6.3　港口资源整合的现状与问题

江苏省濒临黄海，沿海大陆岸线北起苏鲁交界的绣针河口，南至长江口启东角，岸线总长 1090km，水深–30m 的海域面积 7×10^4km^2，沿海港口已开发岸线 81.9km。目前，共有 3 个沿海港口，其中，南通港、连云港港为国家主要港口。2016 年沿海港口共完成货物吞吐量 5.27×10^8t，集装箱吞吐量 603.24×10^4TEU。

6.3.1　沿海港口概况

1. 连云港港

连云港海域面积 6677km^2，连云港境内海岸线长 211.6km，可以建 300 个万吨级以上码头。港口岸线规划 100.5km，划分为连云、赣榆、徐圩、灌河、前三岛五个港区，重点布局煤炭、铁矿石、粮食、集装箱、原油等运输系统。现已投产运营前四个港区，拥有 25×10^4t 级深水航道，30×10^4t 级铁矿石码头、第

六代集装箱码头等万吨级以上泊位 70 个、内河泊位 35 个，设计能力约 1.6×10^8t。除大型原油、LNG 船舶外，其他均可接卸，属综合性港口。连云港港是国家主枢纽港、集装箱干线港，辟有 3 条远洋干线、31 条近洋航线、8 条外贸内支线、12 条内贸线共计 54 条集装箱航线，辟有 13 条杂货班轮航线和 2 条中韩客货班轮航线，运营 15 条集装箱铁路班列，设有 9 个内陆无水港，是江苏班轮航线开行最多、唯一具有远洋干线的港口，是江苏唯一拥有国际客货班轮航线、具有中韩陆海联运试点资质的港口，也是我国集装箱铁水联运物联网示范港。2016 年，连云港港货物吞吐量完成 2.21×10^8t，同比增长 5.03%，集装箱吞吐量 500.9×10^4TEU，同比增长 5%，港口铁矿石实现同比 40%以上的增幅，煤炭、红土镍矿也分别同比增长 48.9%、24.7%，主体货种已成为上量的中流砥柱。

2. 盐城港

盐城海岸线绵延 582km，占江苏省海岸线长度的 61%。盐城港开发起步较迟，目前共规划港口岸线 134km，其中深水港口岸线 85km，已利用港口岸线 24.83km（表 6-2）。先后开发建设了大丰港区、射阳港区、滨海港区和响水港区。至 2016 年，盐城市沿海已建成一类开放口岸 3 个，码头生产性泊位 86 个，码头总延长 8770m，综合通过能力 6018×10^4t；开通航线 27 条，其中内贸航线 19 条，外贸航线 8 条。2016 年，盐城港完成货物吞吐量 7975.54×10^4t，集装箱 19.41×10^4TEU，分别同比增长 5.1%和 13.6%，其中外贸吞吐量完成 2032.2×10^4t，同比增长 18.3%。从主要货种看，城港进出港货物仍以大宗干散货为主，其中金属矿石、矿建材料、煤炭、粮食为主要货源。

表 6-2　2016 年盐城港分港区泊位数和货物通过能力汇总表

港区	利用岸线长度（km）	泊位数（个）	货物通过能力（10^4t）	占比（%）	万吨级泊位数（个）
大丰港区	6.26	35	3162	52.54	9
射阳港区	1.78	19	436	7.24	2
滨海港区	2.09	5	350	5.82	1
响水港区	14.70	27	2070	34.40	3
总计	24.83	86	6018	100	15

3. 南通港

南通陆域总面积 8001km^2，海岸带面积 1.324×10^4km^2，自然岸线 382km（沿江 166km，占全省 14.7%；沿海 216km，占全省 19.5%），共规划港口岸线 286.21km（沿江 129.13km，占全省 22%；沿海 157.08km，占全省 38.32%），其中深水岸

线 203.68km（沿江 48.05km，占全省 12%；沿海 155.63km，占全省 45.96%）（表 6-3）。目前，全港形成“一港十二区”的规划布局，其中沿江有如皋、天生、南通、任港、狼山、富民、江海、通海、启海 9 个港区，沿海有洋口、通州湾、吕四 3 个港区。全港共建成各类码头泊位 289 个（沿江 280 个、沿海 9 个），年设计通过能力 1.36×10^8t；其中万吨级以上 111 个（沿江 102 个、沿海 9 个），5万吨级以上 81 个（沿江 74 个、沿海 7 个），10 万吨级以上 29 个（沿江 26 个、沿海 3 个）。从泊位用途来看，生产性泊位 203 个，舾装泊位 86 个。生产性泊位中，万吨级以上的 64 个，占全省的 13.64%；5 万吨级以上的 48 个，占全省的 24.61%；10 万吨级以上的 7 个，占全省的 31.81%。狼山港区 20 万吨级散货泊位是长江沿线靠泊等级最高的泊位。2016 年，南通港完成货物吞吐量 2.26×10^8t，同比增长 3.6%，集装箱吞吐量达到 82.69×10^4TEU，同比增长 9%。其中，沿海港口货物吞吐量 7975.54×10^4t，同比增加 401×10^4t，集装箱完成 19.65×10^4TEU，分别同比增长 5.3%和 15%。外贸吞吐量共完成 2161.13×10^4t，同比增长 23.84%。金属矿石、煤炭、矿建材料、石油及制品、粮食是五大主要货种，占总吞吐量的 75%左右。

表 6-3　2013 年南通各港区自然岸线使用情况　　（单位：m）

港区	如皋	天生	南通	任港	狼山	富民	江海	通海	启海	吕四	洋口	合计
规划岸线	8590	12 400	1280	1620	2184	3600	5360	10 000		10 800	15 100	70 934
已用岸线	14 204	10 910	1168	2865	4797	2506	5913	2123	15 690	1500	610	62 286
仓储企业	3108	3833	1168	400	2257	1663	2931					15 360
临港企业	910	7077		2465		363	2782	150		1500	610	15 857
船厂	9986				2240	480		1683	15 690			30 079
其他	200				300		200	290				990

6.3.2　沿海港口资源整合概况

江苏省政府印发的《省政府关于深化沿江沿海港口一体化改革的意见》指出要从全省港口发展大局出发，按照“一市一港一集团”的要求，加大资源整合力度，深化沿江沿海港口一体化改革，推动省港口集团持续健康发展。2017 年 5 月 22 日，在江苏省港口一体化发展推进会上，江苏省港口集团有限公司挂牌成立，省属港航企业以及南京、连云港、苏州、南通、镇江、常州、泰州、扬州等沿江沿海 8 市国有港口企业，已整合并入江苏省港口集团（表 6-4）。此前纳入《江苏省沿江沿海港口布局规划（2015—2030 年）》的盐城港和无锡（江阴）港，目前还未纳入江苏省港口集团。

表 6-4　江苏省港口岸线资源利用规划汇总表

地区	规划港口岸线		已利用港口岸线			未利用港口岸线	
	合计（km）	深水岸线（km）	合计（km）	深水岸线（km）	深水岸线利用率（%）	合计（km）	深水岸线（km）
全省合计	818.7	608.1	412.3	326.7	54	406.4	281.4
沿海小计	314.3	224.2	81.9	63.8	28	232.4	160.4
沿江小计	504.4	383.9	330.4	262.9	68	174	121
1．苏州港	86.9	83.7	55.0	55.0	66	31.9	28.7
2．南京港	67.0	54.0	50.9	41.4	77	16.1	12.6
3．连云港港	89.0	89.0	28.8	28.8	32	60.2	60.2
4．南通港	204.0	120.0	95.2	55.7	46	108.8	64.3
其中：沿海	104.2	70.8	28.3	21.8	31	75.9	49.0
沿江	99.8	49.2	66.9	33.9	69	32.9	15.3
5．镇江港	101.5	70.9	41.6	32.1	45	59.9	38.8
6．扬州港	46.2	42.4	39.5	35.7	84	6.7	6.7
7．泰州港	71.1	56.3	51.4	41.3	73	19.7	15.0
8．常州港	8.5	4.0	4.3	2.7	68	4.2	1.3
9．无锡（江阴）港	23.4	23.4	20.8	20.8	89	2.6	2.6
10．盐城港	121.1	64.4	24.8	13.2	20	96.3	51.2

2015 年 8 月，连云港市委、市政府立足港口资源的统筹开发利用，按照港产城融合发展的要求，以资产、资本为纽带，运用市场手段，整合连云港区、赣榆港区、徐圩港区、灌河港区经营性资产，建立了互利共赢的港口经营新主体——连云港港口控股集团有限公司，负责全市所有港口经营性资产开发、建设和运营，实现了港口资源统一规划、统一开发、统一管理、统一经营的健康发展格局。根据《江苏沿海发展规划》，连云港欲联手邻近的日照港加速一体化，实现港口资源组合，形成围绕海州湾并连接前三岛和连岛的港口群。

2017 年 5 月，《盐城港“十三五”发展规划》的出台，更加明确了盐城港“一港四区”发展定位、思路、方向、重点。大丰港区重点推进石化、特色钢铁、粮油加工、造纸工业等临港产业进一步集聚发展；射阳港区重点推进装备制造产业发展，加强风电装备、光伏装备、船舶配套、港口机械、海工装备等生产企业的招商引资；滨海港区重点推进能源、石化、冶金等临港产业集聚集群发展；响水港区重点推进冶金、化工等临港产业发展。

2017 年 1 月，南通市组建南通港集团有限公司，公司注册资本为 66 亿元人民币。南通港集团为国有全资有限公司，为市属一类企业。南通港集团将以资本为纽带逐步整合全市相关公共港区、作业区、码头等港口岸线资源，统筹推进全市港口资源开发利用、港口企业优化重组工作，逐步形成港工贸一体化、港产城一体化的新格局，打造具有一定规模和影响力的港航龙头企业，为建设布局更加合理、功能更加完善、服务更加优化的江海组合强港，实现“一城一港一集团”的新格局提供重要支撑。2017 年 7 月，保华集团宣布以 16.13 亿元出售南通港口集团 45%股权，标志着南通港口资源整合取得重大突破。

6.3.3 沿海港口资源整合存在的问题

江苏虽然作为港口大省，许多指标在全国领先，但由于历史的原因，江苏沿海港口建设较多立足于“一市一港”“一县一港”自身的发展，未能从“1+3”功能区战略的视角考虑“大沿海”的发展格局，使得港口综合竞争力还较弱，港口经营效益还不高，港口资源整合面临的压力和要素制约还比较大。

1. 港口布局不甚合理，港城空间矛盾凸显

目前，在江苏 1090km 的海岸线上，14 个县（市、区）散布着 12 个港区，基本上形成了“一县（区）一港”的格局。按国际标准，200km 以内不应有同等规模的港口，但江苏沿海却是平均 90km 就有一个相当规模的港口。由于岸线利用缺乏统筹考虑，港口布局分散，影响了岸线和环境资源的集约有效利用。随着新型城镇化步伐的不断加快和产业结构转型升级的加速推进，港口、产业和城镇在资源空间、功能布局等方面的矛盾日益突出。

2. 码头结构性矛盾突出，核心港区引领组合能力不强

江苏沿海港口吞吐量已呈现超常发展态势，年吞吐量超过港口设计能力的 40%，港口公用码头和大型专业化泊位能力严重不足，港口远洋深水泊位严重短缺，公用码头处于严重超负荷状态。由于港口布局分散，加上诸多港口之间缺乏必要的错位竞争和合作发展机制，核心港区的发展受到严重影响，削弱了港口对外竞争力，阻碍了江苏沿海港口整体作用的发挥。

3. 港口职能分工不明确，整体协同效应不高

江苏沿海港口资源的开发和利用长期处于各自为政的状态，各港口金属矿石、煤炭、矿建材料、石油及制品、粮食等货种的“同质化”竞争，港口的同层次竞争以及各港口腹地的大范围交叉，造成江苏沿海各港口职能分工不明确，缺乏合理的协作，基本处于各自为战的状态，纷纷争夺货源地，扩大港口腹地，造成相邻港口之间货物运输量的不必要竞争，而且这种竞争日益激烈，大大降低了整个港口群整体效益的发挥。

4. 港口行政区域分割严重，缺乏有效的合作机制

江苏沿海港口分属连云港、盐城和南通三市，区域港口利益摩擦始终存在，未能从分工协作关系上考虑，如何把这些既彼此独立又相互竞争且权属不同的港口资源整合起来形成整体合力是一大考验。"以县为主、市级行业指导"的开发体制机制虽然激发了港口发展活力，同时也带来了地方政府利益层次多、关系复杂，港口建设各成体系、各自为政等一系列问题。例如南通港口集团有限公司的股东有3个，主导经营着4家码头公司，同时还存在着较多的大型企业的货主码头，县级的港口经营不受南通港集团控制，如如皋港集团、洋口港等。

5. 港口建设规模过度，生态环境风险加大

江苏沿海不少市、县（区）片面追求港口功能大而全，纷纷将多功能、综合性、国际性亿吨大港作为发展目标。小港口争做大港口、大港口争做国际枢纽大港，许多地方都争先恐后地上大型泊位和集装箱码头，导致有的港口运力超过实际吞吐量数倍，一些码头设备被闲置，出现能力过剩、资源浪费的状况。港口建设占用大量滩涂以及大规模围填海活动，对于沿海湿地和水生物种的保护都会产生一定影响，部分近岸海域资源环境承载力水平下降。

6.4　港口资源整合的模式

沿海港口资源整合就是要充分发挥港口群的整体优势，产生集聚效益，形成一致对外的竞争力。整合后的港口系统，各个港口既相互竞争，又相互协作。每个港口有各自的核心竞争力，各个港口的核心竞争力相互补充，共同为区域经济的发展服务（图6-1）。

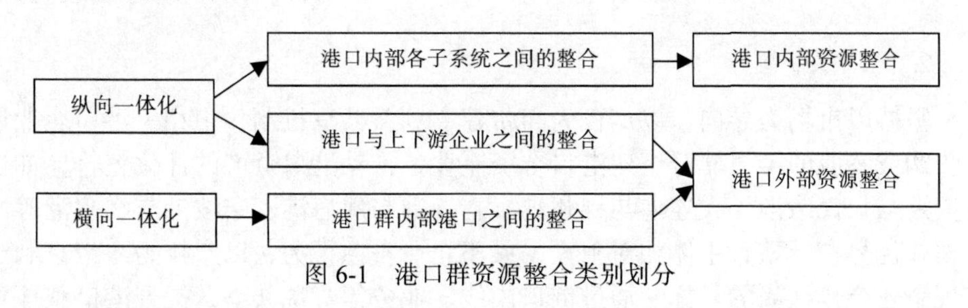

图6-1　港口群资源整合类别划分

6.4.1　国内外港口资源整合的模式

港口资源整合的类型千姿百态，既有以产权为纽带，以政府为主推动的市场化整合，也有以政府行政手段和产权纽带共同推动的紧密型整合，还有以政

府行政资源整合为主的模式（表 6-5）。本节分析国外区域港口资源整合模式，得出区域港口资源整合模式的对应规律，进而对江苏沿海港口整合模式构建提供借鉴。

表 6-5　港口资源整合 4 种模式比较

整合模式	政府调控型	产权纽带型	战略合作型	松散联合型
管理主体	政府部门	港口合资企业	各战略合作主体	企业或政府部门
特点	政府出面，重组整合行政管辖区内相关港口	港口企业通过收购或参股的渠道联合组建港口合资企业	港口企业以资源共享、业务合作等方式订立战略联盟	因某一共同目标结成联盟，彼此之间保持相对独立性
行为方式	政府行为	市场行为	市场行为	政府行为或企业自主行为
优势	充分发挥政府宏观调控能力	港口整合主体相对独立，能考虑局部又能顾全大局	战略合作各方相对独立，是互利互惠的关系	合作各方完全独立，错位竞争
典型代表	武汉新港、苏州港、宁波-舟山港、烟台港	上海港、大连港与锦州港、青岛港与威海港	青岛、烟台、日照三大港	香港港和深圳港

1. *政府调控型*

由政府牵头，将其行政辖区内的相关港口重组整合在一起，最终联合成较为紧密的港口整体，共同制定发展战略，利益共享，风险共担，如苏州市张家港、常熟、太仓三港，南通港，福建省沿海港口等。该模式的管理主体是政府部门，其优势在于政府可以充分发挥宏观调控作用，制定政策措施，协调各方关系，为港口发展提供良好的外部环境；劣势为不利于调动港口企业积极性，且海关、边防、海事等中央事权的行政资源协调难度增大，影响港口资源整合效果。

2. *产权纽带型*

坚持以市场为导向，以产权为纽带建立利益共享机制，由相关港口企业通过收购或参股的渠道联合组建港口合资企业，推动港口资产的优化整合，如连云港港与长江诸港、大连港与锦州港、青岛港与威海港、宁波港与嘉兴港等。该模式优势在于整合主体相对独立，属于企业自愿行为，以产权为纽带有利于实现企业合作共赢的目标，通过港口岸线、业务等资源共享，提升港口整体竞争力；劣势为组建港口合资企业初期，因新公司制度建立、企业文化差异、人员调动等带来阵痛，其次港口企业发展目标与地方政府目标可能存在偏离。

3. 战略合作型

主要是指区域内港口之间通过一定形式的战略组合，作为一个整体共同制定战略发展规划，利益共享，风险共担，如我国广西北部湾的北海、防城港和钦州三港，美国的纽约港和新泽西港等组合。紧密组合型整合需要有共同的腹地、海域或航道等必要条件，是最透彻的港口整合模式。如青岛、烟台、日照三大港等，其特点是由相关港口企业以资源共享、业务合作等方式订立战略联盟。该模式优势在于战略合作型模式港口整合主体间完全独立，是一种互惠互利的关系；劣势为战略合作方关系较为松散，不利于港口资源深度整合。

4. 松散联合型

采取松散联合型整合模式的港口之间因存在共同利益而形成以协同配合为主的错位竞争，既可以是企业的自主行为，也可以由政府行政主导。这种类型的港口，一是因某一共同目标结成联盟，彼此之间保持相对独立性，如日本的东京湾内各港口为了取得集装箱业务的整体竞争优势而结成联合体。二是各港口之间完全独立，只是以签署协议等形式确定互惠互利关系，如香港港和深圳港的联合。

6.4.2　江苏省沿海港口资源整合的模式

由于地区间存在不同定位和差异，每个区域港口资源整合都应依据自身特点，选择符合其自身实际的独特模式（表 6-6）。根据国内外港口资源整合的成功经验，进行港口资源整合，不能将邻近港口简单合并，盲目地追求垄断，而是要通过整合来提升港口整体竞争力，更好地为经济社会发展服务。

表 6-6　港口资源整合主要内容、手段和目标

港口资源分类	整合的主要内容	整合手段	整合的目标
自然资源	海岸线、经济腹地、港口陆域	由政府引导、相关部门对自然资源进行分析	优化配置、合理利用岸线资源和经济能力
物流资源	供应商管理存货、揽货方式、运输组织方式、供应链管理服务	合资合作；协议联盟；租赁托管；建立信息共享平台	降低物流总成本、增强客户服务能力、提高客户服务水平
客户资源	货主、承运人、货运组织人员、配送中心、船舶公司	全方位服务：即时在线关税和税收评估系统；为客户提供分销金融服务	定位分工明确、服务能力增强、留住老客户和发展新客户
能力资源	仓储设施和运输设备、货运组织方式和存货控制能力、服务的知识资源、管理经验	服务创新：推出新的服务产品和建立广泛的战略联盟；完善物流服务网络	管理资源、技术资源、人力资源信息共享、提升品牌竞争力
信息资源	船舶信息、在港口在岸信息、港口货主信息、信息管理系统	建立信息共享机制；利用 IT 系统	信息货源共享、建立统一的信息平台

1. 总体思路

一是要根据港口腹地的发展方向准确定位；二是要根据港口功能定位来统一规划港口布局及岸线利用；三是要对港口布局和临港产业进行功能和结构性调整；四是要通过合理的规划和功能布局实现区域内港口之间的功能互补、分工协作，深化港口资源整合。

2. 沿海港口的功能和定位

《江苏沿海地区发展规划（2009）》对沿海港口群建设已有明确定位，强调把连云港港建设成为我国综合运输体系的重要枢纽、长三角北翼国际航运中心，把盐城港建设成连云港港的组合港和上海国际航运中心的喂给港，把南通港建设成国家沿海主要港口和上海国际航运中心北翼重要组成部分，努力实现各港口之间的优势互补、资源共享、共同发展。

《江苏省沿江沿海港口布局规划（2015—2030 年）》对沿海港口未来的定位和分工做出明确界定，连云港港定位为“中哈物流中转基地、上合组织成员国出海口、东中西合作示范区和区域性国际枢纽港”。在集装箱运输方面，连云港港作为沿陇海线地区集装箱运输的主要口岸，将发展成为集装箱运输的干线港；在外贸进口铁矿石方面，连云港港作为沿陇海线外贸进口铁矿石的重要口岸，将布局 20×10^4t 级以上专业化矿石接卸码头；在液化天然气布局方面，连云港港将成为主要港口之一，通过管道、槽车等方式向长江三角洲地区疏运液化天然气。南通港将进一步加强港区整合，深化一体化改革。在外贸进口铁矿石方面，南通港将布局 20×10^4t 级减载矿石船专业化接卸码头；在煤炭运输方面，南通港将布局专业化接卸中转码头，布局 15×10^4t~20×10^4t 级减载泊位；在液化天然气布局方面，南通港将成为主要港口之一。盐城港将以服务临港产业为主。在煤炭运输方面，盐城港将以直达运输为主，根据需求配套布局 5×10^4t~15×10^4t 级专业化泊位；在液化天然气布局方面，盐城港将成为主要港口之一（表 6-7）。

表 6-7　江苏省沿海港口的功能和定位

港口	定位	功能
连云港港	《江苏沿海地区发展规划（2009）》：我国综合运输体系的重要枢纽、长三角北翼国际航运中心	沿陇海线地区集装箱运输的主要口岸；沿陇海线外贸进口铁矿石的重要口岸；通过管道、槽车等方式向长江三角洲地区疏运液化天然气
	《江苏省沿江沿海港口布局规划（2015—2030 年）》：“中哈物流中转基地、上合组织成员国出海口、东中西合作示范区和区域性国际枢纽港”	重点发展连云港区、徐圩港区，连云港区以集装箱、大宗散货运输为主，徐圩港区以石油化工品运输为主

续表

港口	定位	功能
盐城港	《江苏沿海地区发展规划（2009）》：是区域性重要港口，建设成连云港港的组合港和上海国际航运中心的喂给港	大丰港区规划为以通用散杂货、石油化工和集装箱运输为主的综合性公用港区，兼顾能源、石化等临港工业开发功能。滨海港区规划为以服务后方临港工业开发为主的港区，近期主要为能源产业服务，以煤炭和大宗散货运输为主，远期逐步发展部分公用货物运输功能。射阳港区规划为以散杂货、化工品和集装箱运输为主的综合性港区，逐步发展临港工业和现代物流。响水港区以承担散杂货和化工品运输为主
	《江苏省沿江沿海港口布局规划（2015—2030年）》：为盐城市和苏北地区发展外向型经济服务	以服务临港产业为主
南通港	《江苏沿海地区发展规划（2009）》：国家沿海主要港口和上海国际航运中心北翼重要组成部分	规划建设以原材料、煤炭、石油化工、液体化工等散货运输为主，并兼顾集装箱运输的综合性港区，主要为临港工业开发服务，远期发展大宗散货中转及油品运输
	《江苏省沿江沿海港口布局规划（2015—2030年）》：加强港区整合，推进陆海统筹、江海联动	沿海以服务临港产业为主，重点发展通州湾港区，预留为长江沿线地区提供江海中转运输服务功能

3. *沿海港口资源整合的模式*

对区域港口群的资源进行整合，就是要以提高每个港口和整个港口群系统的核心竞争力为目标，以结成战略联盟为指导思想，以构建虚拟企业为手段，实行纵向一体化与横向一体化的资源整合策略。结合国内外港口资源整合模式及江苏实际情况，江苏沿海港口资源整合应以“政府推动、市场为主导、以资本为纽带”，通过行政手段和市场手段相结合，建立跨区域的港口资源管理体制及投资运营主体——江苏省港口集团有限公司整合港口资源，是实现港口资源的优化配置和合理利用，形成区域港口发展合力的有效手段。

目前，江苏沿海港口资源整合模式采用“政府推动+市场决定”模式，即主要依靠市场手段，通过政府推动对区域内港口企业资产的重组，形成统一的港口企业集团，并依靠企业集团整合省域内的港口自然资源和经营资源。当务之急是把各港口已有的定位落实到位，坚持由点到面、由易到难，先市域内部整合，后全省沿海地区一体化整合，实现由粗放式向集约式转变，形成整体竞争优势。内外条件进一步成熟，省级层面可以沿海港口为主、统筹江海联动进行整合，对港口资源统一规划、统一建设、统一经营、统一管理。在此基础上，真正实现“交通厅、港口管理局—港口管理部门合作联席会—江苏省港口集团有限公司—港口企业”四位一体的管理运营模式，实现所有权与经营权分开（图 6-2）。

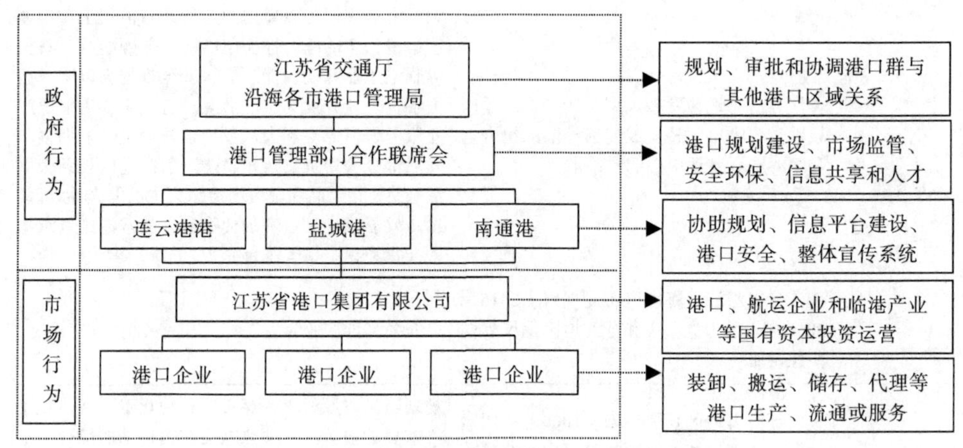

图 6-2　江苏省沿海港口资源整合发展的组织架构

6.5　港口资源整合效益分析

博弈论模型的使用条件是博弈方是理性的，即参加斗争或竞争的各方具有不同的目标或利益，为了达到目标和利益，必须考虑对手各种可能的行动方案，并力图选取对自己最为有利或最为合理的方案。以沿海三市港口集团作为博弈方，利用“囚徒困境”和“智猪博弈”两种模型论证江苏沿海港口资源整合的必要性。

6.5.1　“囚徒困境”博弈论模型

根据国家统计局、港口年鉴、沿海三市政府工作报告发布的数据，2010~2016 年 7 年间，连云港港和南通港的港口货物吞吐量平均水平相差不大（表 6-8），且由 2016 年港口资源统计数据（表 6-9）可以推断，两个港口的资源配备状况相当，故连云港港和南通港符合博弈论“囚徒困境”模型地位对等的前提。连云港港和南通港年港口资源根据“囚徒困境”标准模型，得出连云港港或南通港采取行动后取得的收益（表 6-10）。

表 6-8　2010~2016 年江苏省沿海港口货物吞吐量（单位：10^8t）

港口	2010 年	2011 年	2012 年	2013 年	2014 年	2015 年	2016 年	年均
连云港港	1.35	1.66	1.85	2.02	2.10	2.11	2.21	1.90
南通港	1.51	1.73	1.85	2.05	2.20	2.20	2.26	1.97
盐城港	0.11	0.21	0.31	0.50	0.62	0.76	0.80	0.47

表 6-9　2016 年江苏沿海港口资源

港口	码头长度（m）	生产泊位（个）	万吨级以上泊位（个）
连云港港	6273	63	42
南通港	1941（沿海） 4111（沿江）	158 其中沿江:137 沿海:21	229 其中沿江:208 沿海：21
盐城港	8770	86	15

表 6-10　连云港港和南通港收益矩阵

		连云港港	
		合作	不合作
南通港	合作	b_1，a_1	b_2，a_2
	不合作	b_3，a_3	b_4，a_4

设 a_1 为连云港港和南通港都选择合作，连云港港获得的收益值；a_2 为连云港港背叛联盟单独经营而南通港选择合作，连云港港获得的收益值；a_3 为连云港港选择合作而南通港选择背叛联盟单独经营，连云港港获得的收益值；a_4 为连云港港和南通港互相独立经营，连云港港获得的收益值；而 b_1 为连云港港和南通港都选择合作，南通港获得的收益值；b_2 为连云港港背叛联盟单独经营而南通港选择合作，南通港获得的收益值；b_3 为连云港港选择合作而南通港选择背叛联盟单独经营，南通港获得的收益值；b_4 为连云港港和南通港互相独立经营，南通港获得的收益值。对连云港港而言，$a_2>a_1>a_4>a_3$；对南通港而言，$b_3>b_1>b_4>b_2$。

在一次博弈的情况下，两个港口倾向选择不合作；在连续多次博弈的任意单阶段博弈中，若两个港口都选择合作，那么其得到的总收益将高于任何一方不合作或双方都选择不合作的总收益。在现实情况下，港口之间重复博弈是有限的。在重复博弈中，一个参与人可以使自己在某个阶段博弈的选择依赖于其他参与人的历史行动。尽管连云港港、南通港在选择合作时有可能遭遇对方不合作的风险，但若一开始选择不合作将暴露自己非合作的意愿，从而失去获得长期收益的可能。假设连云港港、南通港选择合作，直至其中一方选择不合作，则另一方选择永远不合作：当且仅当 $a_1+a_1+a_1+a_1+\cdots>a_2+a_4+a_4+a_4+\cdots$ 或 $b_1+b_1+b_1+b_1+\cdots>b_3+b_4+b_4+b_4+\cdots$ 时，可以看出一个港口集团没有首先选择不合作，另一港口集团也不会首先选择不合作。假设连云港港、南通港首先选择合作，如果其中一方选择不合作，则另一方选择一次不合作以实施报复：当且仅当 $a_1+a_1+a_1+a_1+\cdots>a_2+a_4+a_2+a_4+\cdots$ 或 $b_1+b_1+b_1+b_1+\cdots>b_3+b_4+b_3+b_4+\cdots$ 时，可以看出当某博弈方选择不合作时所增加的收益要小于受惩罚所带来的损失。综上，连云港港和南通港不管是冷酷战略还是惩罚战略都倾向于整合，整合的总体收益最优。

6.5.2 “智猪博弈”模型

以连云港港和盐城港为例，利用“智猪博弈”模型分析江苏沿海港口两个地位不对等港口之间的博弈。根据国家统计局、港口年鉴、沿海三市政府工作报告发布的数据，连云港港与盐城港实力并不对等，连云港港在近 7 年内平均吞吐量为盐城港的 4 倍，而由 2016 年港口资源统计数据可以发现，连云港港的港口资源优于盐城港，符合“智猪博弈”模型的前提——地位不对等。对于涌入江苏沿海地区的货物，连云港港的软、硬件资源相对比较丰富，假设连云港港主导某项港口业务技术创新的成本为 x_1，盐城港则需要 x_2，显然 $x_1<x_2$。若连云港港主导技术创新，连云港港的总收益为 y_1，盐城港的总收益则为 z_1；若盐城港主导技术创新，连云港港的总收益为 y_2，盐城港的总收益则为 z_2（由于盐城港资源条件有限，开发技术的成本要远高于其收益，即 $z_2>x_2$）；若连云港港和盐城港分别进行技术创新，连云港港的总收益为 y_3，盐城港的总收益为 z_3，则有 $y_2>y_3>y_1$，$z_1>z_3>z_2$。各港口所获得的纯利润即为收益与成本之差，具体收益矩阵见表 6-11。

表 6-11 连云港港和盐城港收益矩阵

		连云港港	
		技术创新	非技术创新
盐城港	技术创新	z_3-x_2，y_3-x_1	z_2-x_2，y_2
	非技术创新	x_2，y_1-x_1	0，0

6.6 主要结论

（1）培育港口经济增长极，要突出“增量优质、存量优化”。港口增长极的培育要形成梯度化，不能只强调一级增长极，还要注意次级以及多级增长极的培育。港口作为区域开放的重要节点，要把握全球贸易、产业、港口、航运等相关领域发展趋势，加强与周边、全国乃至全球港口的协调联动，塑造对外联通世界大空间的格局。要联动“一带一路”、长江经济带、淮河生态经济带，集聚高端创新要素，打造带动整个沿海经济带生产要素跨区域和跨境流动的沿海门户区。

（2）通过行政力量来协调、整合港口资源势在必行。目前，江苏省沿海“一县（区）一港”“一港多区”产能过剩、恶性竞争日益明显。需要构建政府间港口联席会议，共同制定推进区域合作的规划和措施，深化利益融合，促进政治互信，协商解决好港口资源整合中地方政府利益不一致的核心矛盾。沿海三市要探索建立区域统一的财政税收、金融投资、产权交易、技术研发机制，加强交通方式无缝衔接，推动各要素按照市场规律在区域内自由流动。

（3）在港口资源整合的运作过程中，各地市之间利益存在多重博弈。江苏省沿海地区发展领导小组及其办公室要加大统筹协调力度，理顺省、市、县等政府部门在港口管理方面的关系，既要照顾到地方发展港口、发展区域经济的诉求，又要统筹区域港口发展大局，保证区域内港口行业适度的市场竞争。要构建统一的运营平台和投融资平台，增强和完善市场主体功能，拓展投融资渠道，走“股权整合+业务重整”的道路，使港口的投资主体和经营方式日益多元化。

（4）港口资源的整合是一项复杂的系统工程，不仅涉及几个不同的港区，也会涉及岸线、交通、水利、城市、土地、规划、政府政绩等诸多方面。江苏省沿海港口处于不同的地位和层级，可将其分为核心港口、次核心港口，相互之间组成一个有内在联系的开放型网络，形成以连云港港、南通港为主要港口，盐城港为地区性重要港口，分工合作、协调发展、分层次发展格局。

第 7 章　江苏省陆海统筹分析

海洋经济在一定程度上可以说是陆域经济活动在海洋上的延伸。海洋资源的深度和广度开发，需要有强大的陆域经济作支撑；海洋经济发展中的制约因素，只有在与陆域经济的互补、互助中才能逐步消除；海洋资源优势只有在与陆域产业联动发展中，在与全国的生产力布局紧密结合中才能得到充分的开发和利用。陆海统筹发展是把陆地和海洋作为两个独立系统，看成一个紧密联系的有机整体，海陆地区经济联动和协调发展，海陆优势相互借鉴，劣势相互弥补，资源优势得到充分发挥，通过合理的产业布局和产业转型升级，提升海陆地区的综合效益和永续发展。

7.1　研究方法选择

对陆海统筹进行测度，选择研究方法时，首先要分析相关研究方面的优缺点，其次，结合研究区域的实际，放弃产业经济学对于产业关联研究最为常用的里昂惕夫的投入产出分析法以及海陆产业关联研究中最常用的灰色关联分析法，选择了以下研究方法。

7.1.1　CRITIC 法

CRITIC 法是由 Diakoulaki 提出的一种客观赋权方法，该方法通过对比强度和指标之间的冲突性来确定指标的客观权重。对比强度是指同一指标各个评价方案之间取值差距的大小，以标准差的形式来表现，标准差越大，各方案之间取值差距越大；评价指标间的冲突性以指标间的相关性为基础，具有较强的正相关的指标冲突性较低，负相关性的指标冲突性较高。计算方法如下：第 j 个指标所包含的信息量和独立性的综合度量为

$$h_j = v_j \sum_{i=1}^{n}(1 - r_{ij}), \quad j = 1,2,\cdots,n \tag{7-1}$$

式中，$\sum_{i=1}^{n}(1 - r_{ij})$ 为冲突性量化指标；r_{ij} 为指标 i 和 j 之间的相关系数；变异系数 v_j 用来反映指标的对比强度。综合信息量越大，指标的重要性越强，相应权重也越大，所以第 j 个指标的客观权重为

$$w_j = \frac{h_j}{\sum_{i=1}^{n} h_j}, \quad j = 1, 2, \cdots, n \tag{7-2}$$

7.1.2　层次分析法

AHP 方法由美国运筹学家 T. L. Satty 于 20 世纪 70 年代提出。AHP 方法通过分析评价系统中各基本要素之间的关系，建立系统的递阶层次结构。对同一层次的各元素源于上一层次中某一准则的重要性进行两两比较，构造两两比较判断矩阵，并进行一致性检验。当判断矩阵的随机一致性比例 RI 小于 0.10 时，判断矩阵具有满意的一致性，否则就需要对判断矩阵进行调整。最后由判断矩阵计算被比较要素对于该准则的相对权重，本书中由层次分析法确定的主观权重记为 q_j。

7.1.3　最优化理论

最优化理论分为线性规划与整数规划、非线性规划、智能优化方法、变分法与动态规划。为了使指标兼具数据的客观信息和专家的主观经验，将 CRITIC 法得到的权重与层次分析法得到的权重进行组合。则组合权重为

$$W_j = \alpha \cdot w_j + \beta \cdot q_j \tag{7-3}$$

式中，α 和 β 为组合系数，$\alpha + \beta = 1$。为了让组合权重与主观权重和客观权重的差异最小，通过 W_j 与 w_j 和 q_j 的离差平方和最小构建约束优化问题

$$\begin{aligned} & \min\left(W_j - w_j\right)^2 + \left(W_j - q_j\right)^2 \\ & \text{s.t.}\, \alpha + \beta = 1 \end{aligned} \tag{7-4}$$

解约束优化问题可得 $\alpha = \beta = 0.5$。

7.1.4　耦合协调度模型

从协同学的角度看，耦合作用及其协调程度决定了系统在达到临界区域时走向何种序与结构，即决定了系统由无序走向有序的趋势。耦合度主要用来判别海陆产业系统或要素耦合作用的强度及作用的时间区间，预警二者发展的秩序，具有重要的作用。文中使用耦合协调发展度模型来进行陆海统筹水平的测度。两个系统的耦合程度由两系统之间的离散程度来表示，公式为

$$C=\left\{m(x)\cdot l(y)\bigg/\left[\frac{m(x)+l(y)}{2}\right]^2\right\}^k \qquad (7\text{-}5)$$

式中，C为耦合度；k为调节系数，取$k=1/2$。耦合度C可以用来衡量系统间相互协调的情况，但反映不出海陆两系统的发展水平或整体功能。因此，为了更好地反映两系统的综合协调程度，进一步构建耦合协调度公式

$$H=\sqrt{C\cdot[\alpha\cdot m(x)+\beta\cdot l(y)]} \qquad (7\text{-}6)$$

式中，H为协调度；α和β分别为海洋系统和陆域系统的权重。因为两系统在研究中同等重要，所以取$\alpha=\beta=0.5$。由公式（7-6）可以看出，耦合协调度H越高，海洋系统与陆域系统之间的协调程度越高，陆海统筹情况越好。

7.1.5 核密度估计

核密度估计是常用的描述经济分布运动的一种方法，它保留了构造转移概率矩阵时所破坏的连续收入观察值的原始动态信息，无须限制数据生成过程要具有马尔可夫性质。核密度估计是在概率论中用来估计未知的密度函数，属于非参数检验方法之一。对于数$x_1,x_2,\cdots,x_n$，核密度估计的形式为

$$\hat{f}(x)=\frac{1}{nh}\sum_{i=1}^{n}K\left(\frac{x-x_i}{h}\right) \qquad (7\text{-}7)$$

式中，核函数（kernal function）$K(\cdot)$是一个加权函数，包括高斯核、Epanechnikov核、三角核、四次核等类型，选择依据是分组数据的密集程度。本研究的估计采用高斯核函数

$$\text{Gaussian}:\frac{1}{\sqrt{2\pi}}\mathrm{e}^{-\frac{1}{2}t^2} \qquad (7\text{-}8)$$

Silverman指出，通常在大样本的情况下，非参数估计对核的选择并不敏感，窗宽h的选取对估计量的影响较大。如果h太小，那么密度估计偏向于把概率密度分配得太局限于观测数据附近，致使估计密度函数有很多错误的峰值；如果h太大，那么密度估计就把概率密度贡献散得太开，导致拟合曲线过于光滑而忽略样本的某些波动特征。采用软件R语言，窗宽的选择是根据Silverman提出的方法，具有较大的通用性，即$h=0.9SN^{-0.8}$（S是随机变量观测值的标准差），x的取法是将各年的陆海统筹度评分分成100份，依次取值为

$$x_j=x_{\min}+(x_{\max}-x_{\min})j/99 \qquad (7\text{-}9)$$

式中，j=0,1,2,⋯,99。

7.2　陆海统筹测度

7.2.1　指标体系构建

海洋产业系统和陆域产业系统共同构成了沿海地区产业系统，在系统内部，陆域为海洋经济发展提供依附空间、人才、技术等诸多要素支撑，而海洋也为陆域经济发展提供资源和拓展空间，海陆产业系统在要素流动下不断形成产业关联关系。

借鉴前人研究成果，从海洋系统和陆域系统协调发展的角度出发，构建包括资源、环境、经济、社会四个维度在内的陆海统筹 39 个测度指标体系来表征陆海统筹水平（表 7-1）。

表 7-1　海陆系统功效评价体系及指标权重

系统层	维度层	指标层		CRITIC 权重	AHP 权重	综合权重
海陆系统	海洋系统 X_1	资源利用 W_1	Z_1：人均海域面积（km^2）	Z_1	0.0103	0.1909	0.1006
			Z_2：人均海岸线长度（m）	Z_2	0.0100	0.1909	0.1004
			Z_3：码头长度（m）	Z_3	0.2670	0.1096	0.1883
			Z_4：海水养殖面积（hm^2）	Z_4	0.3458	0.2193	0.2826
			Z_5：海岸线经济密度（亿元/km）	Z_5	0.3668	0.2893	0.3281
		环境生态 W_2	Z_6：废水排放入海量（万 t）	Z_6	0.1768	0.2522	0.2145
			Z_7：工业废水排放达标率（%）	Z_7	0.0049	0.1098	0.0574
			Z_8：人均涉海湿地保护区面积（m^2）	Z_8	0.3913	0.2195	0.3054
			Z_9：自然保护区数量（个）	Z_9	0.2849	0.1664	0.2256
			Z_{10}：污染治理项目本年投资总额占 GDP 比重（%）	Z_{10}	0.1421	0.2522	0.1972
		经济产业 W_3	Z_{11}：平均万人海洋生产总值（亿元）	Z_{11}	0.2425	0.2453	0.2439
			Z_{12}：海洋生产总值占 GDP 比重（%）	Z_{12}	0.0759	0.1859	0.1309
			Z_{13}：海洋总产值与 GDP 关联度	Z_{13}	0.0873	0.3236	0.2055
			Z_{14}：渔业总产值（万元）	Z_{14}	0.1697	0.1226	0.1462
			Z_{15}：旅游外汇收入（万美元）	Z_{15}	0.4245	0.1226	0.2736
		社会发展 W_4	Z_{16}：单位科技支出下海洋产值（%）	Z_{16}	0.0497	0.2901	0.1699
			Z_{17}：单位教育支出下海洋产值（%）	Z_{17}	0.1489	0.2609	0.2049

续表

系统层	维度层	指标层			CRITIC 权重	AHP 权重	综合权重
海陆系统	海洋系统 X_1	社会发展 W_4	Z_{18}：港口货物吞吐量（万 t）	Z_{18}	0.4974	0.2355	0.3664
			Z_{19}：星级饭店数（个）	Z_{19}	0.3040	0.2134	0.2587
	陆域系统 X_2	资源利用 W_1	Z_{20}：平均万人耕地面积（万 hm^2）	Z_{20}	0.3055	0.1962	0.2508
			Z_{21}：就业人口占总人口比重（%）	Z_{21}	0.0618	0.2254	0.1436
			Z_{22}：工业固体废物利用率（%）	Z_{22}	0.0269	0.1487	0.0878
			Z_{23}：能源生产总量（万 t 标准煤）	Z_{23}	0.1823	0.1708	0.1765
			Z_{24}：经济密度（亿元/km^2）	Z_{24}	0.4236	0.2859	0.3547
		环境生态 W_2	Z_{25}：废水排放量（万 t）	Z_{25}	0.0003	0.2757	0.1380
			Z_{26}：工业固体废弃物产生量（万 t）	Z_{26}	0.0080	0.2213	0.1147
			Z_{27}：生活垃圾无害化处理率（%）	Z_{27}	0.0991	0.1271	0.1131
			Z_{28}：人均绿地面积（m^2）	Z_{28}	0.6828	0.1546	0.4187
			Z_{29}：沿海地区污染治理竣工项目（个）	Z_{29}	0.2099	0.2213	0.2156
		经济产业 W_3	Z_{30}：GDP 增长率（%）	Z_{30}	0.1723	0.2858	0.2291
			Z_{31}：固定资产投资额（亿元）	Z_{31}	0.2362	0.2488	0.2425
			Z_{32}：社会消费品零售总额（亿元）	Z_{32}	0.1812	0.2166	0.1989
			Z_{33}：出口总值（亿美元）	Z_{33}	0.2140	0.1244	0.1692
			Z_{34}：金融机构年末存款额（亿元）	Z_{34}	0.1962	0.1244	0.1603
		社会发展 W_4	Z_{35}：科学研究、技术服务和地质勘查业从业人员（人）	Z_{35}	0.3728	0.2553	0.3140
			Z_{36}：普通高等教育在校生数（万人）	Z_{36}	0.1407	0.2553	0.1980
			Z_{37}：文化指数（万件、万册）	Z_{37}	0.1090	0.1276	0.1183
			Z_{38}：城镇家庭人均可支配收入（元）	Z_{38}	0.1199	0.1934	0.1567
			Z_{39}：公路货运量（万 t）	Z_{39}	0.2575	0.1684	0.2130

7.2.2　数据来源

文中所用数据均来源于《中国海洋统计年鉴（2001—2016）》《中国城市统计年鉴（2001—2016）》《江苏统计年鉴（2001—2016）》、国家各相关部门统计公报中的数据及各市的统计年鉴。考虑到指标数据的可获得性和准确性，对部分数据进行了适当修正，对少量缺失数据采用回归替换法进行插补。

7.2.3　海陆系统功效评价

将数据进行标准化处理以消除量纲影响；运用极值处理法进行指标类型一致化和无量纲化处理，正向指标和负向指标处理公式分别为

$$x_j^{**} = \frac{x_j - \min\{x_j\}}{\max\{x_j\} - \min\{x_j\}} \tag{7-10}$$

$$x_j^{**} = \frac{\max\{x_j\} - x_j}{\max\{x_j\} - \min\{x_j\}} \tag{7-11}$$

根据将 AHP 权重和 CRITIC 权重结合得到指标的主客观综合权重，利用公式（7-4）分别计算各城市海洋系统和陆域系统各维度功效得分。在系统得分计算中，各维度重要性相等，所以用 4 个维度得分平均值作为系统的最终得分（表 7-2）。

表 7-2　系统及子系统得分值

地区	年份	海洋系统 X_1					陆域系统 X_2				
		W_1	W_2	W_3	W_4	综合得分 S_1	W_1	W_2	W_3	W_4	综合得分 S_2
连云港市	2000	0.2010	0.3469	0.0297	0.0194	0.1493	0.2644	0.2184	0.0000	0.0200	0.1257
	2001	0.2102	0.3689	0.0596	0.0431	0.1705	0.2347	0.4367	0.1095	0.1249	0.2264
	2002	0.2157	0.3438	0.1302	0.0810	0.1927	0.2146	0.1951	0.1741	0.1032	0.1718
	2003	0.2302	0.5127	0.1802	0.1125	0.2589	0.1759	0.2812	0.2004	0.1305	0.1970
	2004	0.2693	0.6221	0.2636	0.1559	0.3277	0.1562	0.2831	0.2542	0.2153	0.2272
	2005	0.3364	0.5942	0.3997	0.2196	0.3875	0.1478	0.3246	0.2895	0.2803	0.2606
	2006	0.3660	0.4691	0.4034	0.2840	0.3806	0.1757	0.4786	0.3534	0.2913	0.3248
	2007	0.4007	0.4368	0.4532	0.3063	0.3993	0.2542	0.5562	0.4044	0.3472	0.3905
	2008	0.4255	0.6063	0.4432	0.3481	0.4558	0.2709	0.6777	0.4353	0.4805	0.4661
	2009	0.5535	0.6584	0.4565	0.4396	0.5270	0.3262	0.7031	0.4840	0.5003	0.5034
	2010	0.5688	0.7055	0.5315	0.6508	0.6141	0.3957	0.5760	0.5700	0.6078	0.5374
	2011	0.5858	0.3860	0.6084	0.7673	0.5869	0.7917	0.5349	0.6661	0.7243	0.6792
	2012	0.6526	0.4972	0.7498	0.8443	0.6860	0.6854	0.5494	0.7328	0.7823	0.6875
	2013	0.6787	0.5992	0.5391	0.8798	0.6742	0.7009	0.6053	0.7261	0.8854	0.7294
	2014	0.7515	0.6775	0.5922	0.9418	0.7408	0.7026	0.5800	0.8148	0.8410	0.7346
	2015	0.7987	0.6794	0.6363	0.9999	0.7786	0.6848	0.6003	0.9060	0.8708	0.7655
盐城市	2000	0.2127	0.5420	0.0126	0.0268	0.1985	0.2581	0.2582	0.0136	0.3139	0.2110
	2001	0.2060	0.5635	0.0103	0.0393	0.2048	0.2260	0.2371	0.0105	0.1968	0.1676
	2002	0.3207	0.6341	0.0490	0.0705	0.2686	0.2068	0.2078	0.1050	0.2075	0.1818

续表

地区	年份	海洋系统 X_1					陆域系统 X_2				
		W_1	W_2	W_3	W_4	综合得分 S_1	W_1	W_2	W_3	W_4	综合得分 S_2
盐城市	2003	0.4239	0.5958	0.0971	0.1669	0.3209	0.2096	0.2067	0.1643	0.0674	0.1620
	2004	0.4163	0.5714	0.1401	0.1810	0.3272	0.2175	0.1952	0.2267	0.1096	0.1873
	2005	0.4674	0.6382	0.2184	0.2093	0.3833	0.2193	0.2245	0.2681	0.1230	0.2087
	2006	0.4552	0.5852	0.2563	0.2312	0.3820	0.2166	0.3257	0.3281	0.1563	0.2567
	2007	0.4356	0.5868	0.3061	0.2575	0.3965	0.2494	0.3020	0.3606	0.2847	0.2992
	2008	0.4137	0.6487	0.3428	0.2843	0.4224	0.2577	0.3454	0.3429	0.3417	0.3219
	2009	0.1573	0.5101	0.4636	0.3533	0.3711	0.2800	0.3572	0.3883	0.3367	0.3406
	2010	0.3160	0.4879	0.6174	0.4909	0.4781	0.5505	0.4521	0.4606	0.4354	0.4746
	2011	0.3357	0.4487	0.7413	0.6178	0.5359	0.5801	0.5052	0.5197	0.4799	0.5212
	2012	0.3829	0.5351	0.9084	0.6833	0.6274	0.7514	0.3590	0.5933	0.8441	0.6370
	2013	0.5145	0.5621	0.7745	0.7739	0.6563	0.7242	0.3997	0.6482	0.7472	0.6298
	2014	0.5122	0.6046	0.8718	0.8730	0.7154	0.8246	0.3872	0.6891	0.7728	0.6684
	2015	0.5510	0.4847	0.9672	0.9999	0.7507	0.8472	0.7383	0.7934	0.8172	0.7990
南通市	2000	0.0035	0.2145	0.0048	0.0189	0.0604	0.2540	0.4564	0.0456	0.0581	0.2035
	2001	0.0308	0.2424	0.0043	0.4377	0.1788	0.2203	0.3566	0.0231	0.0709	0.1677
	2002	0.0702	0.2929	0.0724	0.1322	0.1419	0.1836	0.3994	0.0835	0.1081	0.1936
	2003	0.1572	0.3673	0.1118	0.1477	0.1960	0.2532	0.5111	0.1588	0.1242	0.2618
	2004	0.1781	0.5410	0.1952	0.1885	0.2757	0.2665	0.5159	0.2560	0.1520	0.2976
	2005	0.2578	0.5267	0.2491	0.2415	0.3188	0.3097	0.5946	0.2854	0.2082	0.3495
	2006	0.3161	0.5464	0.2949	0.3064	0.3659	0.3514	0.5655	0.3276	0.2496	0.3735
	2007	0.4061	0.4993	0.3964	0.3081	0.4025	0.4043	0.5070	0.3841	0.3267	0.4055
	2008	0.4928	0.5273	0.4790	0.3677	0.4667	0.4000	0.6005	0.3448	0.3636	0.4272
	2009	0.7487	0.4867	0.7464	0.4125	0.5986	0.4201	0.5367	0.4094	0.4137	0.4450
	2010	0.7668	0.5697	0.8297	0.5234	0.6724	0.7506	0.3601	0.4472	0.4627	0.5051
	2011	0.7136	0.4729	0.7926	0.6122	0.6478	0.7590	0.5543	0.5439	0.5374	0.5987
	2012	0.7214	0.3880	0.8092	0.6739	0.6481	0.7997	0.4759	0.6049	0.6545	0.6338
	2013	0.8311	0.4422	0.6182	0.6842	0.6439	0.8375	0.6426	0.6888	0.7668	0.7339
	2014	0.7852	0.4602	0.6543	0.7146	0.6536	0.7551	0.6461	0.7275	0.8246	0.7384
	2015	0.8959	0.4701	0.6900	0.7742	0.7075	0.7750	0.5952	0.7709	0.8173	0.7396
沿海	2000	0.2020	0.1542	0.0001	0.0076	0.0910	0.2248	0.2923	0.0000	0.0797	0.1492
	2001	0.2078	0.1700	0.0149	0.2877	0.1701	0.1954	0.3891	0.0497	0.0878	0.1805
	2002	0.2522	0.2048	0.0980	0.0896	0.1612	0.1699	0.2158	0.1299	0.1038	0.1549
	2003	0.3217	0.2716	0.1571	0.1367	0.2218	0.1805	0.3240	0.1756	0.0798	0.1900
	2004	0.3198	0.4383	0.2109	0.1777	0.2867	0.1900	0.3085	0.2474	0.1253	0.2178
	2005	0.4006	0.4427	0.3441	0.2335	0.3552	0.2050	0.3851	0.2849	0.1751	0.2625

续表

地区	年份	海洋系统 X_1					陆域系统 X_2				
		W_1	W_2	W_3	W_4	综合得分 S_1	W_1	W_2	W_3	W_4	综合得分 S_2
沿海	2006	0.4234	0.3924	0.3515	0.2951	0.3656	0.2376	0.5230	0.3381	0.2093	0.3270
	2007	0.4442	0.4713	0.4192	0.3174	0.4131	0.3216	0.4748	0.3832	0.2973	0.3692
	2008	0.4585	0.5441	0.4452	0.3645	0.4531	0.3301	0.6216	0.3777	0.3699	0.4248
	2009	0.4570	0.5048	0.6476	0.4349	0.5111	0.3655	0.6193	0.4326	0.3994	0.4542
	2010	0.4769	0.4910	0.7431	0.6053	0.5791	0.6249	0.4691	0.4981	0.4710	0.5157
	2011	0.4926	0.5909	0.7510	0.7312	0.6415	0.7646	0.6265	0.5920	0.5522	0.6338
	2012	0.5571	0.3730	0.8388	0.8045	0.6434	0.7976	0.3699	0.6640	0.7213	0.6382
	2013	0.6676	0.4648	0.6445	0.8509	0.6569	0.7682	0.5325	0.7045	0.8104	0.7039
	2014	0.7065	0.4949	0.6895	0.9209	0.7029	0.7902	0.4796	0.7592	0.8344	0.7158
	2015	0.7990	0.3674	0.7334	0.9999	0.7249	0.7932	0.6673	0.8411	0.8530	0.7886

据表 7-2 测算结果，2000~2011 年，江苏省沿海海陆产业系统综合发展水平整体呈逐年上升的趋势，海洋产业系统的综合发展水平（0.4361）高于陆域产业系统的综合发展水平（0.4204），即 $S_1>S_2$。根据海陆产业系统综合发展水平评价标准（表 7-3）和海陆产业系统综合发展水平评价（表 7-4），说明海洋产业系统对系统耦合协调的功效贡献大于陆域产业系统。因此，海洋经济发展水平的高低对海陆产业系统相互作用程度有显著影响。

表 7-3　海陆产业系统综合发展水平评价标准

综合得分（S_1：海洋系统；S_2：陆域系统）	$S_1>S_2$	$0.80<S_2/S_1<1.0$	$0.60<S_2/S_1<0.80$	$0<S_2/S_1<0.60$	$S_2>S_1$	$S_1=S_2$
关系类型	陆域经济发展滞后型	陆域经济发展比较滞后型	陆域经济发展严重滞后型	陆域经济发展极度滞后型	海洋经济发展滞后型	海陆经济发展同步型

表 7-4　海陆产业系统综合发展水平评价

年份	S_1	S_2	（S_1+S_2）/2	S_1/S_2	S_2/S_1	类型
2000	0.09	0.74	0.42	0.12	8.13	海洋经济发展严重滞后型
2001	0.17	0.15	0.16	1.14	0.88	陆域经济发展比较滞后型
2002	0.16	0.18	0.17	0.89	1.12	海洋经济发展比较滞后型
2003	0.22	0.15	0.19	1.43	0.70	陆域经济发展严重滞后型
2004	0.29	0.19	0.24	1.51	0.66	陆域经济发展严重滞后型

续表

年份	S_1	S_2	$(S_1+S_2)/2$	S_1/S_2	S_2/S_1	类型
2005	0.36	0.22	0.29	1.63	0.61	陆域经济发展严重滞后型
2006	0.37	0.26	0.31	1.39	0.72	陆域经济发展严重滞后型
2007	0.41	0.33	0.37	1.26	0.79	陆域经济发展严重滞后型
2008	0.45	0.37	0.41	1.23	0.81	陆域经济发展比较滞后型
2009	0.51	0.42	0.47	1.20	0.83	陆域经济发展比较滞后型
2010	0.58	0.45	0.52	1.27	0.78	陆域经济发展严重滞后型
2011	0.64	0.52	0.58	1.24	0.80	陆域经济发展比较滞后型
2012	0.64	0.63	0.64	1.02	0.99	陆域经济发展比较滞后型
2013	0.66	0.64	0.65	1.03	0.97	陆域经济发展比较滞后型
2014	0.70	0.70	0.70	1.00	1.00	海陆经济发展同步型
2015	0.72	0.72	0.72	1.01	0.99	陆域经济发展比较滞后型

从表 7-4 可以看出，2000 年，江苏省海洋经济发展严重滞后于陆域经济发展，海洋经济发展属于严重滞后型。2001~2002 年，陆域经济发展属于比较滞后型，2003~2007 年，从比较滞后型进入严重滞后型阶段，除 2010 年属于陆域经济发展严重滞后型、2014 年属于海陆经济发展同步型外，2008~2015 年属于陆域经济发展比较滞后型。2012 年以来，陆域经济发展滞后海洋经济的程度不断缩小，接近海陆经济发展同步。海陆产业系统综合发展水平之和，即（S_1+S_2）/2，从 2000 年的 0.42 提高到 2015 年的 0.72，提高的程度较大，主要原因在于陆域产业系统综合发展水平有较大提高，一定程度上拉动了海洋产业系统综合发展水平带来的海陆产业系统相互关联、相互协调程度的提高。

7.3 陆海统筹度评价

根据上文提出的耦合协调度模型，将海陆系统功效评价值代入公式（7-5）和公式（7-6），计算江苏省沿海各市陆海统筹度（表 7-5）。

表 7-5 陆海统筹度评价值

年份	耦合度 C				耦合协调度 H			
	连云港市	盐城市	南通市	沿海	连云港市	盐城市	南通市	沿海
2000	0.9963	0.9995	0.8403	0.9701	0.3701	0.4524	0.3330	0.3413
2001	0.9900	0.9950	0.9995	0.9996	0.4433	0.4304	0.4161	0.4186
2002	0.9984	0.9813	0.9881	0.9998	0.4265	0.4701	0.4072	0.3975

续表

年份	耦合度 C				耦合协调度 H			
	连云港市	盐城市	南通市	沿海	连云港市	盐城市	南通市	沿海
2003	0.9907	0.9443	0.9896	0.9970	0.4752	0.4775	0.4760	0.4530
2004	0.9835	0.9623	0.9993	0.9906	0.5224	0.4975	0.5352	0.4999
2005	0.9806	0.9555	0.9989	0.9887	0.5637	0.5318	0.5777	0.5526
2006	0.9969	0.9806	0.9999	0.9984	0.5929	0.5596	0.6080	0.5880
2007	0.9999	0.9902	1.0000	0.9984	0.6284	0.5869	0.6356	0.6249
2008	0.9999	0.9909	0.9990	0.9995	0.6789	0.6073	0.6682	0.6624
2009	0.9997	0.9991	0.9891	0.9983	0.7177	0.5962	0.7184	0.6941
2010	0.9978	1.0000	0.9899	0.9983	0.7580	0.6902	0.7634	0.7393
2011	0.9973	0.9999	0.9992	1.0000	0.7946	0.7270	0.7891	0.7985
2012	1.0000	1.0000	0.9999	1.0000	0.8287	0.7951	0.8006	0.8005
2013	0.9992	0.9998	0.9979	0.9994	0.8374	0.8018	0.8291	0.8246
2014	1.0000	0.9994	0.9981	1.0000	0.8589	0.8316	0.8335	0.8422
2015	1.0000	0.9995	0.9998	0.9991	0.8786	0.8800	0.8505	0.8695

7.3.1　时序变化

根据耦合理论耦合度和协调度发展类型（表 7-6）及表 7-5 的测算结果，2000~2015 年，江苏省沿海海陆产业系统的耦合度一直处于高水平耦合。其中，2011 年、2012 年和 2014 年三年为良性共振耦合，总体说明江苏省沿海海陆产业系统的耦合水平属于中高强度。同时，据表 7-5 可知，2000~2015 年，江苏省沿海海陆产业系统的耦合协调度从轻度失调向良好协调转变，海陆产业系统关联的整体功效和协调发展水平的良性循环关系不断提升。但从整体看，海陆产业系统耦合协调度的变化高于耦合度的变化。

表 7-6　耦合度和协调度发展类型划分表

耦合度	0	0~0.30	0.30~0.50	0.50~0.80	0.80~1	1	
发展类别	无关状态	低水平耦合	拮抗时期	磨合时期	高水平耦合	良性共振耦合	
耦合协调度	0.31~0.40	0.41~0.50	0.51~0.60	0.61~0.70	0.71~0.80	0.81~0.90	0.91~1.00
发展类别	轻度失调	濒临失调	勉强协调	初级协调	中级协调	良好协调	优质协调

7.3.2　空间变化

据表 7-5 测算结果，江苏省沿海 3 个城市海陆产业系统的耦合度除个别年份个别区域（2012 年、2014 年、2015 年的连云港市，2010 年、2012 年的盐城市以及 2007 年的南通市）是良性共振耦合外，其余全部是高水平耦合，耦合度的空间差异较小，几乎都处于高强度的耦合阶段，说明江苏省沿海 3 个城市海陆产业系统相互作用、相互关联的程度差异较小，均为中等程度的关联。虽然各沿海地区经济规模差异较大，但海陆产业系统耦合度的空间分异不明显。通过表 7-5 可知，江苏省沿海 3 个城市耦合协调度都呈现逐年递增的趋势。2000 年，盐城市耦合协调度为 0.4524，在沿海三市中最高，属于濒临失调，南通市和连云港市属于轻度失调。2015 年，盐城市耦合协调度仍是最高，达到 0.8800，南通市最低为 0.8505，沿海三市的耦合协调度都属于良好协调，海洋系统和陆地系统处于较好的发展状态。

7.4 陆海统筹度时空差异

7.4.1 时间差异分析

将江苏省沿海各市陆海统筹度的数据导入 R 软件，计算各地区陆海统筹度在 2000~2015 年的核密度分布。为了便于对比分析，将连云港市、盐城市、南通市以及沿海城市总的陆海统筹度绘制在一张图上，见陆海统筹度核密度分布图（图 7-1）。

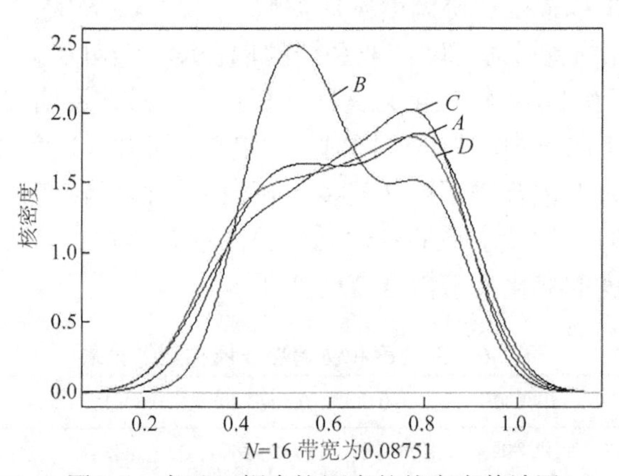

图 7-1 各地区耦合协调度的核密度估计图

图 7-1 中 *A* 线表示连云港市的陆海统筹度从 2000~2015 年的核密度分布图，*B* 线表示盐城市的陆海统筹度从 2000~2015 年的核密度分布图，*C* 线表示南通市的陆海统筹度从 2000~2015 年的核密度分布图。*D* 线表示沿海地区的陆海统筹度从 2000~2015 年的核密度分布图。由图 7-1 可以看出，江苏省沿海地区陆海统筹度分布情况：

（1）从总体形状来看，连云港市、盐城市、江苏省沿海地区基本呈双峰状态，南通市呈现单峰状态，其中盐城市的双峰状态最为明显，而连云港市和沿海地区的双峰状态不是很明显。这说明盐城市陆海统筹状况在 16 年里出现了两极分化的状态，变化程度较大，而连云港市和沿海地区在这 16 年的陆海统筹状况变化程度则较小。南通市的单峰状态则偏高，其陆海统筹度在这 16 年里偏高的年份较多，整体发展较好。

（2）分别来看，连云港市 2000~2015 年的陆海统筹度处于较低水平的年份居多，所以其在 0.55 左右有一个最高的峰值，其陆海统筹度处于 0.55 的年份最多，而处于 0.8 左右的年份相对于盐城市、南通市则较少。从盐城市、南通市与沿海地区的核密度曲线可以看到，在 0~0.6 左右各地的分布状态大致相同，曲线大致吻合，陆海统筹度在这个水平下的年份差不多，而南通市的陆海统筹度在 0.8 左右的年份要多于盐城市和沿海地区，盐城市和沿海地区的曲线基本吻合，说明其陆海统筹发展状况比较相似。

7.4.2　空间差异分析

根据 2000~2015 年 3 个城市及沿海地区的陆海统筹程度及海陆系统功效评价值，对各城市陆海统筹现状进行分类。表 7-5 中测得陆海统筹值均位于 0.3~0.9 区间，为了分析区域间的差异性，在对耦合协调度等级评价的基础上，再根据海洋功效占总功效比重，将统筹度高于 0.60 的城市划分为海洋主导型（海洋功效>陆域功效）和陆域主导型（海洋功效<陆域功效），将统筹度低于 0.60 的城市划分为海洋滞后型（海洋功效<陆域功效）和陆域滞后型（海洋功效>陆域功效）。具体分类情况如表 7-7 所示。

表 7-7　海陆系统综合值及海洋系统占比和各地区主导类型

<table>
<tr><th rowspan="2">年份</th><th colspan="4">海陆系统总得分</th><th colspan="4">海洋系统占比</th><th colspan="4">均值及主导类型</th></tr>
<tr><th>连云港市</th><th>盐城市</th><th>南通市</th><th>沿海</th><th>连云港市</th><th>盐城市</th><th>南通市</th><th>沿海</th><th>连云港市</th><th>盐城市</th><th>南通市</th><th>沿海</th></tr>
<tr><td>2000</td><td>0.2750</td><td>0.4095</td><td>0.2640</td><td>0.2401</td><td>0.5429</td><td>0.4848</td><td>0.2289</td><td>0.3787</td><td rowspan="10">0.5182（海洋主导）</td><td rowspan="10">0.5533（海洋主导）</td><td rowspan="10">0.4790（陆域主导）</td><td rowspan="10">0.5093（海洋主导）</td></tr>
<tr><td>2001</td><td>0.3969</td><td>0.3723</td><td>0.3465</td><td>0.3506</td><td>0.4295</td><td>0.5499</td><td>0.5159</td><td>0.4852</td></tr>
<tr><td>2002</td><td>0.3644</td><td>0.4504</td><td>0.3356</td><td>0.3160</td><td>0.5287</td><td>0.5964</td><td>0.4230</td><td>0.5099</td></tr>
<tr><td>2003</td><td>0.4559</td><td>0.4829</td><td>0.4578</td><td>0.4117</td><td>0.5679</td><td>0.6645</td><td>0.4281</td><td>0.5386</td></tr>
<tr><td>2004</td><td>0.5549</td><td>0.5145</td><td>0.5733</td><td>0.5045</td><td>0.5906</td><td>0.6360</td><td>0.4809</td><td>0.5683</td></tr>
<tr><td>2005</td><td>0.6481</td><td>0.5921</td><td>0.6682</td><td>0.6177</td><td>0.5979</td><td>0.6475</td><td>0.4770</td><td>0.5750</td></tr>
<tr><td>2006</td><td>0.7054</td><td>0.6386</td><td>0.7395</td><td>0.6926</td><td>0.5396</td><td>0.5981</td><td>0.4949</td><td>0.5279</td></tr>
<tr><td>2007</td><td>0.7898</td><td>0.6956</td><td>0.8080</td><td>0.7823</td><td>0.5055</td><td>0.5700</td><td>0.4981</td><td>0.5280</td></tr>
<tr><td>2008</td><td>0.9219</td><td>0.7443</td><td>0.8939</td><td>0.8779</td><td>0.4944</td><td>0.5675</td><td>0.5221</td><td>0.5161</td></tr>
<tr><td>2009</td><td>1.0304</td><td>0.7116</td><td>1.0436</td><td>0.9653</td><td>0.5115</td><td>0.5214</td><td>0.5736</td><td>0.5294</td></tr>
</table>

续表

年份	海陆系统总得分				海洋系统占比				均值及主导类型			
	连云港市	盐城市	南通市	沿海	连云港市	盐城市	南通市	沿海	连云港市	盐城市	南通市	沿海
2010	1.1515	0.9527	1.1775	1.0948	0.5333	0.5018	0.5710	0.5289	0.5182（海洋主导）	0.5533（海洋主导）	0.4790（陆域主导）	0.5093（海洋主导）
2011	1.2661	1.0571	1.2465	1.2753	0.4635	0.5069	0.5197	0.5030				
2012	1.3734	1.2644	1.2819	1.2815	0.4994	0.4962	0.5056	0.5020				
2013	1.4036	1.2861	1.3779	1.3608	0.4803	0.5103	0.4673	0.4827				
2014	1.4754	1.3838	1.3919	1.4188	0.5021	0.5170	0.4695	0.4954				
2015	1.5441	1.5497	1.4471	1.5136	0.5043	0.4844	0.4889	0.4790				

从表 7-7 可知，连云港市海洋系统的占比在 2000~2015 年在 0.5 左右，16 年均值为 0.5182，定义其为海洋主导类型。盐城市也类似，16 年的均值为 0.5533，虽然相比连云港市、南通市海洋系统的占比更高，但仍为海洋主导类型。南通市海洋系统的占比相对较低，2000~2015 年的均值为 0.4790，定义为陆域主导类型。从江苏省沿海地区来看，2000~2015 年海洋系统占比为 0.5093，定义为海洋主导系统。

7.5 主要结论

（1）海陆复合系统是以海岸带为载体，由陆域和海域两个相对独立的子系统及其要素构成，通过子系统及其要素之间相互作用、相互影响、彼此依赖和彼此制衡而形成的，具有一定结构和功能特点的复合巨系统。海陆复合系统除具有复杂系统的非线性、开放性等一般特性外，还具有差异性、自组织与人组织并存、多重关联性和动态性等特征。

（2）将 AHP 权重和 CRITIC 权重结合，分别计算各城市海洋系统和陆域系统各维度功效得分。表明 2000~2011 年，江苏省海陆产业系统综合发展水平整体呈逐年上升的趋势，海洋产业系统的综合发展水平高于陆域产业系统的综合发展水平。但 2012~2015 年，江苏省海洋产业系统的综合发展水平落后于陆域产业系统的综合发展水平。

（3）根据耦合理论耦合度和协调度测度，2000~2015 年，江苏省沿海海陆产业系统的耦合协调度从轻度失调向良好协调转变，海陆产业系统关联的整体功效和协调发展水平的良性循环关系不断提升。但从整体看，海陆产业系统耦合协调度的变化高于耦合度的变化。

（4）根据陆海统筹程度及海陆系统功效评价值，在对耦合协调度等级评价的基础上，再根据海洋功效占总功效比重，2000~2015 年江苏省沿海地区为海洋主导型。表明沿海地区陆域社会经济长足、快速发展的同时，加快了对海洋的开发步伐，提高了海洋开发能力。但两子系统发展程度空间差异显著，且陆域子系统发展水平总体高于海域子系统。

第 8 章　江苏省海洋经济可持续发展探究

海洋经济可持续发展是社会经济可持续发展的重要组成部分。如何协调好海洋经济、生态与社会之间的关系，已成为海洋经济可持续发展问题研究的一个重要任务。通过对江苏省海洋经济可持续发展系统各子系统间时空演变关系的拟合及协调度测算，以期为准确把握江苏省海洋经济系统运行特征提供参考。

8.1　研 究 方 法

8.1.1　交互胁迫关系

交互胁迫论认为，生态经济系统内部存在复杂的交互胁迫关系。在生态经济系统发展过程中，系统内部既有恶性循环过程，也有良性循环环节。生态经济系统在各子系统的交互胁迫作用下，遵循“S”形发展机制。因此，海洋生态经济系统三个子系统之间的根本关系应归结为海洋社会子系统与海洋生态子系统之间的双指数曲线交互关系，海洋生态经济系统的交互胁迫演变轨迹主要通过该曲线来描述，即公式为

$$z = m - n(10^{\frac{y-b}{a}} - p)^2 \tag{8-1}$$

式中，z 为海洋生态压力指数；y 为海洋社会子系统发展状态评价值；m 为海洋生态子系统阈值；n，a，b，p 是非负待定参数。

8.1.2　协调度评价方法

可持续发展协调度的测量，不仅是指城市生态系统内部各个子系统之间的协调，还有各子系统内部的协调。在可持续发展协调度模型中用各子系统的评价值和综合评价值的大小来反映。通常来讲，经济-生态-社会协调度的数值越接近，表示可持续发展过程越协调。协调度模型是评价系统是否协调发展的主要方法，已有许多学者对此做了研究。

$$z(x) = \sum_{i=1}^{m} a_i x_i \tag{8-2}$$

式中，m 为海洋社会系统的指标个数；a_i 为指标权重；x_i 为第 i 个指标的标准化数据。同理建立海洋生态压力指数函数 $h(y)$、经济综合评价指数函数 $f(g)$（以下只以 $z(x)$、$h(y)$来推导测算），得出两个系统之间的耦合度公式为

$$C=\left\{\frac{z(x)h(y)}{\left[\frac{z(x)+h(y)}{2}\right]^2}\right\}^k \tag{8-3}$$

式中，C 为耦合度，取值在 0~1 之间；k 为调节系数，这里取 k =4。耦合度在有些情况下反映不出两个系统发展水平或整体功能，故进一步构造两个系统耦合协调度公式

$$R=\sqrt{C\times P} \tag{8-4}$$

式中，R 为耦合协调度；P 为两个系统的综合评价指数。设定 $P=\alpha z(x)+\beta h(y)$，其中：α为某一系统发展水平权重；β为另一个系统发展水平权重，取 $\alpha=\beta=0.5$。参考已有研究成果，制定的系统耦合发展标准如表 8-1 所示。

表 8-1　耦合协调度与耦合阶段划分标准

协调度 R	[0，0.1)	[0.1，0.2)	[0.2，0.3)	[0.3，0.4)	[0.4，0.5)
类型	极度失调	严重失调	中度失调	轻度失调	濒临失调
协调度 R	[0.5，0.6)	[0.6，0.7)	[0.7，0.8)	[0.8，0.9)	[0.9，1]
类型	勉强协调	初级协调	中级协调	良好协调	优质协调

8.2　数据来源与标准化处理

8.2.1　数据来源

数据由 2001~2016 年《中国海洋统计年鉴》《中国城市统计年鉴》《中国海洋环境质量公报》《江苏统计年鉴》《连云港市统计年鉴》《盐城市统计年鉴》和《南通市统计年鉴》整理获得。

8.2.2　数据标准化处理

在评价指标体系中，有可能存在一些反向指标，其值越大表示发展趋势越坏。对于反向指标需要对其进行同趋势化处理，采用的方法是将反向指标值的倒数代替该指标值，就可以把反向指标转化成正向指标。假设评价指标一共有

n 个，并且每一个评价指标有 p 个变量，也就是有 p 个可获得的样本数据，经过指标同趋势化处理后得到原始数据矩阵如下：

$$\boldsymbol{X}=\begin{bmatrix} x_{11} & x_{12} & \cdots & x_{1n} \\ x_{21} & x_{22} & \cdots & x_{2n} \\ \vdots & \vdots & & \vdots \\ x_{p1} & x_{p2} & \cdots & x_{pn} \end{bmatrix}$$

为了消除变量间在量纲上的不同，使单位各异的变量能够进行合理综合，需要把原始数据按下式标准化处理：

$$x'_{ij}=\frac{x_{ij}-\overline{x_j}}{\delta_j},\quad i=1,2,\cdots,p;\quad j=1,2,\cdots,n$$

式中，$\bar{x}_j=\frac{1}{p}\sum_{i=1}^{p}x_{ij}$ 为均值；$\delta_j=\sqrt{\frac{1}{p-1}\sum_{i=1}^{p}\left(x_{ij}-\overline{x_j}\right)^2}$ 为标准差。

8.3 海洋经济可持续发展实证

8.3.1 评价指标体系的构建

海洋经济可持续发展所演化出的统计指标体系，是用于反映海洋经济可持续发展状态及其外部影响因素的统计指标整体，一般由具有一定对应关系的状态指标体系与控制指标体系构成。在对海洋经济可持续发展进行评价分析时，需要根据可持续发展目标，设计由多个指标或指标群组成的评价指标体系。该指标体系把区域可持续发展系统作为一级指标，区域社会、经济和生态三个子系统作为二级指标（系统层），基础指标层选取要充分反映各子系统的发展水平和现状，在充分认识区域社会、经济与生态子系统共同构成的区域经济可持续发展系统的本质、特性及各子系统作用关系的基础上，确定了 30 个基础指标。选取主观赋权法（层次分析法）与客观赋权法（熵值法），确定区域经济可持续发展系统发展状态评价指标体系综合权重，结果见表 8-2。

表 8-2　海洋经济可持续发展系统评价指标体系及其权重

系统层	状态层	基础指标层	标记	熵权	AHP 权重	综合权重
社会发展子系统（y）	社会人口	人口自然增长率（万人）	x_1	0.0401	0.53	0.0212
		海洋从业人口比重（%）	x_2	0.0301		0.0159
	消费水平	城镇化水平（%）	x_3	0.0172		0.0091
		城镇居民人均可支配收入（元）	x_4	0.0865		0.0459
		城镇居民人均消费支出（元）	x_5	0.0772		0.0409
		居民恩格尔系数（%）	x_6	0.0020		0.0011
	科技水平	发明专利申请数（件）	x_7	0.3706		0.1964
		海洋科研机构数（个）	x_8	0.1757		0.0931
		专业技术人员数（万人）	x_9	0.1173		0.0622
		R&D 经费支出占 GDP 比重（%）	x_{10}	0.0833		0.0441
生态子系统（z）	生态条件	绿化覆盖率（%）	x_{11}	0.0169	0.33	0.0056
		人均涉海湿地保护区面积（m^2）	x_{12}	0.0184		0.0061
		海水养殖面积（hm^2）	x_{13}	0.0477		0.0157
	生态响应	工业废水处理达标率（%）	x_{14}	0.0001		0.0000
		环境保护支出（亿元）	x_{15}	0.5026		0.1659
	生态污染	沿海地区污染治理竣工项目（个）	x_{16}	0.1050		0.0347
		工业固体废物产生量（万 t）	x_{17}	0.2509		0.0828
		工业废水排放量（万 t）	x_{18}	0.0554		0.0183
		化肥施用量（万 t）	x_{19}	0.0030		0.0010
经济子系统（x）	经济实力	地区生产总值（亿元）	x_{20}	0.2037	0.14	0.0285
		海洋生产总产值（亿元）	x_{21}	0.4234		0.0593
		海洋生产总产值占地区生产总值的比重（%）	x_{22}	0.0068		0.0009
	经济结构	沿海港口货物吞吐量（万 t）	x_{23}	0.1474		0.0206
		第二产业比重（%）	x_{24}	0.0014		0.0002
		第三产业比重（%）	x_{25}	0.0040		0.0006
		海洋第三产业比重（%）	x_{26}	0.0080		0.0011
	经济活力	GDP 增长率（%）	x_{27}	0.0139		0.0020
		第三产业增长率（%）	x_{28}	0.0179		0.0025
		人均地区生产总值指数（%）	x_{29}	0.0005		0.0001
		海岸线经济密度（亿元/km）	x_{30}	0.1729		0.0242

8.3.2 交互胁迫验证

通过对区域经济可持续发展系统中社会-经济-生态子系统各指标权重与无量纲化值进行加权求和，得出 2000~2015 年江苏省沿海三市的海洋社会发展、经济发展和生态压力指数。应用 MATLAB7.0 软件对海洋经济发展与生态压力指数、海洋社会发展与经济发展指数进行曲线拟合，得出江苏省沿海三市的对数和倒“U”曲线拟合方程，由此推导出海洋社会与生态系统之间的双指数曲线方程式（表 8-3），且绘出该交互胁迫双指数曲线图（图 8-1）。

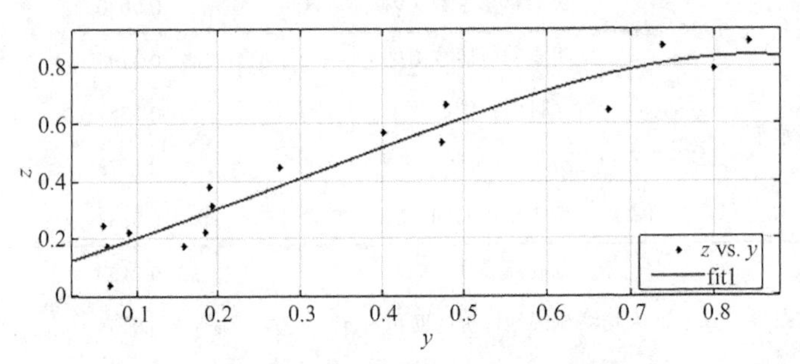

（a）连云港市海洋社会-生态系统交互关系双指数曲线

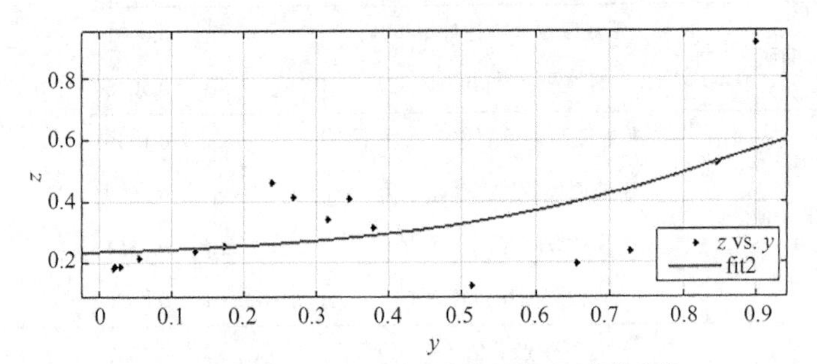

（b）盐城市海洋社会-生态系统交互关系双指数曲线

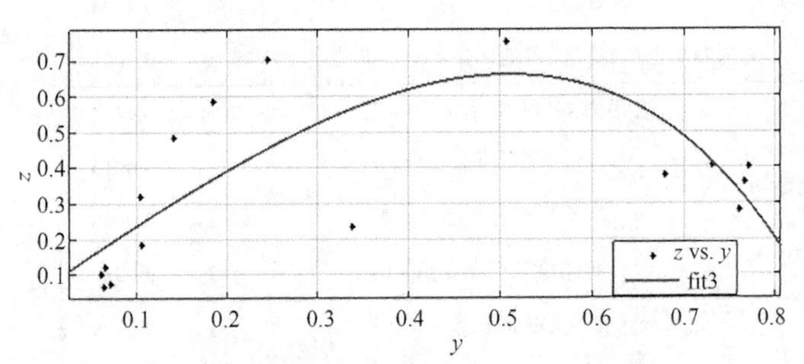

（c）南通市海洋社会-生态系统交互关系双指数曲线

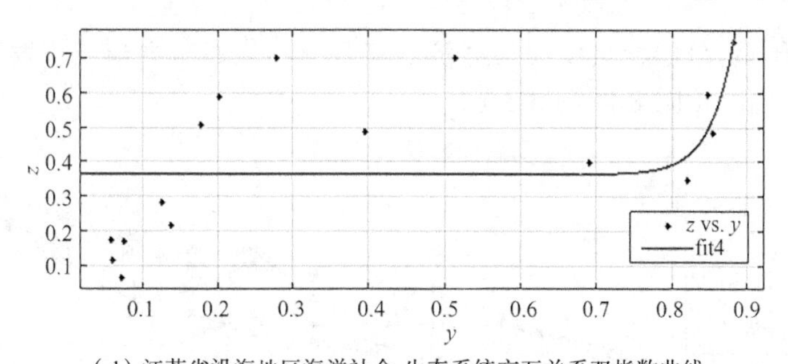

（d）江苏省沿海地区海洋社会-生态系统交互关系双指数曲线

图 8-1　江苏省沿海三市及沿海地区海洋社会-生态系统交互关系

表 8-3　江苏省沿海三市海洋社会与生态子系统双指数曲线拟合方程式

地区	双指数方程式	m	n	a	b	p
连云港	z=0.8405–0.9860$(10^{(y-1.7360)/0.6601}-1.2820)^2$	0.8405	0.9860	0.6601	1.7360	1.2820
盐城	z=0.6491–105.80$(10^{(y-0.6368)/1.8150}-0.0639)^2$	0.6491	105.80	1.8150	0.6368	0.0639
南通	z=0.6610–1.0890$(10^{(y-2.0690)0.0299}-1.7070)^2$	0.6610	1.0890	0.0299	2.0690	1.7070
沿海	z=0.3646+0.0346$(10^{(y-0.1484)/0.8040}-0.0533)^2$	0.3646	-0.0346	0.8040	0.1484	0.0533

在海洋经济交互胁迫关系双指数曲线方程中，m 值表示曲线出现拐点时海洋生态系统压力指数大小；n 值与生态子系统随社会子系统发展变化的速率有关，其值越大，生态子系统运行变化速率越快；b 值决定双指数曲线拐点出现的早晚，其值越大，拐点出现时社会子系统发展水平越高。从 m 值的大小来看，连云港市>南通市>盐城市，表明连云港市在海洋生态经济系统双指数曲线拐点出现时，海洋生态恶化程度较高；从 n 值大小来看，盐城市>南通市>连云港市，表明盐城市经济社会发展速度与经济生态环境恶化密切相关，经济社会规模扩张越快，生态环境恶化越快；从 b 值大小来看，南通市>连云港市>盐城市，表现出海洋经济社会发展相对发达的南通市，出现生态拐点要比经济社会发展后进的连云港市、盐城市晚一些，而且拐点出现时海洋经济社会发展水平比较高。以上验证说明：所求出的双指数关系方程式能够恰当反映出江苏省沿海三市海洋经济可持续发展系统交互胁迫关系的动态演变过程，海洋社会子系统与海洋生态子系统交互胁迫关系的演进过程符合双指数曲线的变化规律，即海洋经济社会发展对海洋生态环境表现出明显的胁迫效应，同时海洋生态环境对海洋经济社会发展也具有较强的约束作用。

8.3.3　协调性评价

依据协调度计算过程，得出 2000~2015 年江苏省沿海三市海洋经济可持续发展系统中海洋社会发展、生态压力、经济发展综合评价指数以及海洋社会发展与生态压力、海洋社会发展与经济发展、海洋生态压力与经济发展的耦合度以及耦合协调度（图 8-2~图 8-5）。

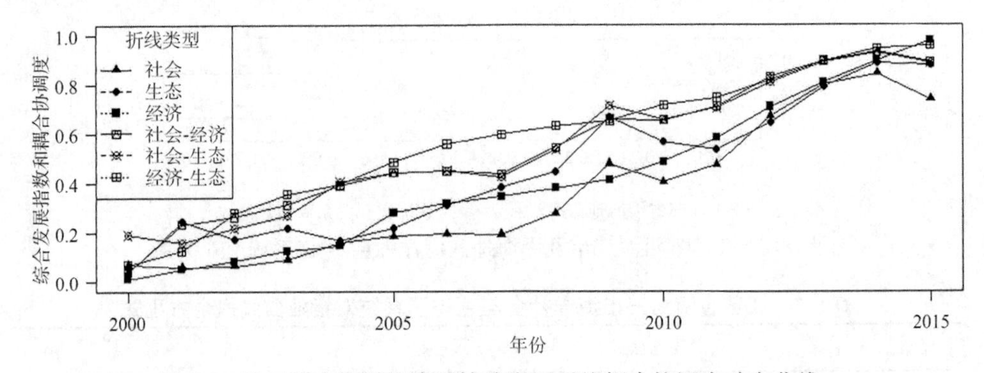

图 8-2　连云港市海洋经济可持续发展系统耦合协调度动态曲线

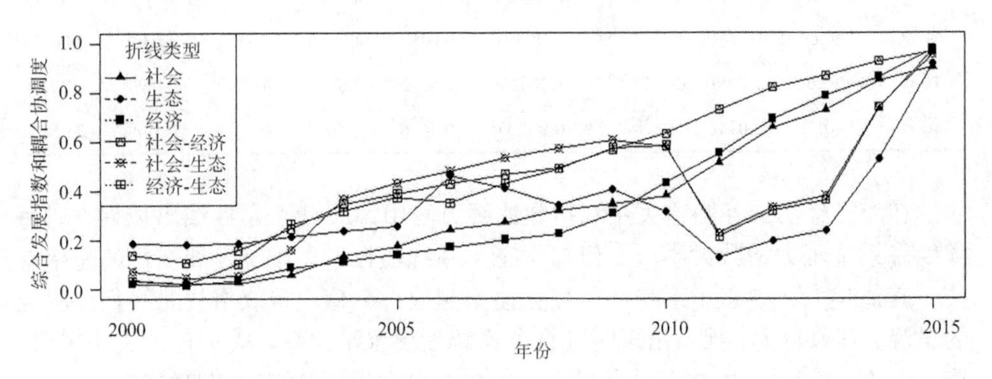

图 8-3　盐城市海洋经济可持续发展系统耦合协调度动态曲线

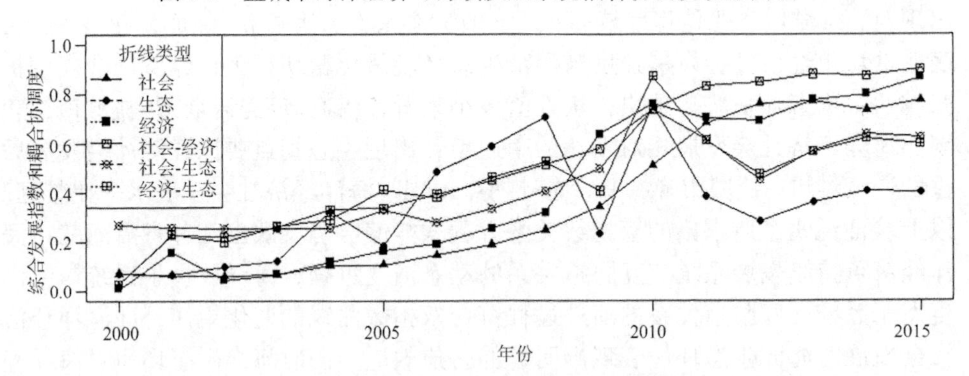

图 8-4　南通市海洋经济可持续发展系统耦合协调度动态曲线

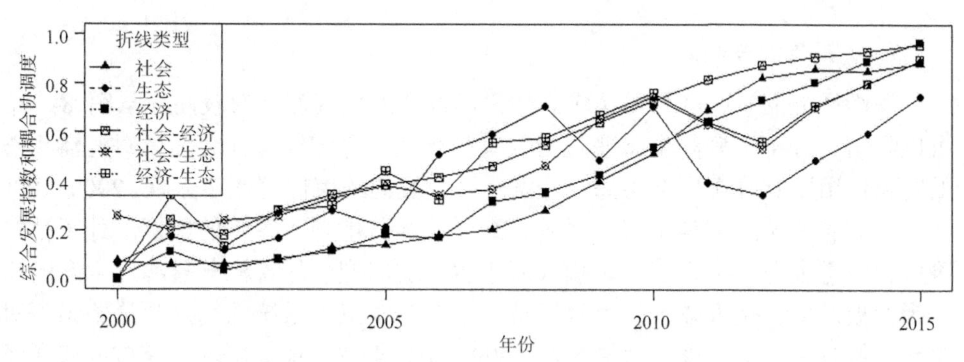

图 8-5　江苏省沿海地区海洋经济可持续发展系统耦合协调度动态曲线

1. 连云港市

海洋经济可持续发展系统耦合协调度整体处于逐年优化趋势。海洋社会-生态系统耦合协调度从 2000 年的 0.0385 上升到 2015 年的 0.8901，耦合发展类型经历了从极度失调—良好协调的过程。其中 2009 年出现一个峰值，主要由于环保支出和污染治理竣工项目数增加，一些环境问题得到有效解决，导致污染物排放量减少，生态环境压力减缓。海洋社会-经济系统的耦合协调度处于稳步增长的同时，也受到海洋复合系统的约束。海洋生态-经济系统发展 2001~2015 年整体处于上升阶段，海洋经济发展对海洋生态系统的胁迫作用比较强，属于中级协调类型。虽然连云港市海洋经济可持续发展系统整体处于缓慢耦合上升趋势，但不难看出海洋社会、经济和生态系统的交互胁迫关系依然存在，与优质协调发展还有一定距离。

2. 盐城市

从图 8-3 中可以看出海洋经济-生态系统和海洋社会-生态系统的耦合度在 2010 年前后呈现快速下降趋势，经历了严重失调—中度失调，2013 年后又慢慢增长。主要由于环保支出和污染治理竣工项目数减少，一些环境问题得不到有效解决，导致工业废水排放量增加，生态环境压力加大。海洋社会-经济系统耦合协调度整体呈现上升趋势。

3. 南通市

从图 8-4 中可以看出，生态压力指数波动较大，海洋经济-生态系统的耦合度在 2008~2012 年起伏幅度较大，经历了轻度失调—勉强协调—优质协调—濒临失调。海洋社会-经济系统、海洋社会-生态系统耦合协调度整体呈现上升趋势。

4. 江苏省沿海地区

海洋经济发展速度相对缓慢，但海洋社会发展程度相对较高。从图 8-5 中可以看出，近年来海洋生态恶化指数有所增大，海洋经济社会发展对海洋生态的胁迫作用以及海洋生态对海洋经济社会发展的约束作用逐步显现。2000~2009年，江苏省海洋经济与生态子系统、海洋社会与生态子系统的协调度处于拮抗阶段，海洋生态经济系统协调模式属于生态脆弱型。尽管江苏省海洋生态响应较为积极，生态投入较大，海洋经济、社会与生态子系统的交互胁迫关系相对缓和。但海洋生态环境压力指数在 2009~2012 年波动最为剧烈，相应的海洋经济-生态系统的耦合协调度，海洋社会-生态系统的耦合协调度也受到影响。

8.4 主要结论

基于“交互胁迫-动态耦合协调类型判别”框架，对 2000~2015 年江苏省海洋经济可持续发展系统交互胁迫关系进行验证。可以得出：江苏省海洋经济可持续发展系统中的经济子系统与社会子系统间存在明显对数曲线关系，生态子系统与经济子系统间存在显著倒“U”曲线交互关系，社会子系统与生态子系统间的交互关系也符合双指数曲线变化规律。在海洋经济可持续发展系统交互胁迫关系基础上，运用动态耦合模型来判读海洋经济可持续发展系统的协调发展类型，能够较好地反映江苏省海洋经济可持续发展的实际状况。

（1）连云港市在海洋生态经济系统双指数曲线拐点出现时，海洋生态恶化程度较高；盐城市经济社会发展速度与海洋生态环境恶化密切相关，区域经济社会规模扩张越快，海洋生态环境恶化越快；海洋经济相对发达的南通市出现生态拐点要比连云港市、盐城市晚一些，而且拐点出现时海洋经济社会发展水平比较高。

（2）连云港市海洋社会-生态系统耦合协调度波动较大，耦合发展类型经历了极度失调—中级协调—良好协调的过程，但到优质协调还有一定的差距；盐城市海洋经济-生态系统和海洋社会-生态系统的耦合度，最近几年呈现快速下降趋势，海洋社会-经济系统耦合协调度整体呈现上升趋势；南通市海洋经济-生态系统的耦合度起伏幅度较大，经历了轻度失调—勉强协调—优质协调—濒临失调，海洋社会-经济系统、海洋社会-生态系统耦合协调度整体呈现上升趋势。

（3）总体来看，虽然江苏省海洋生态环境得到有效治理，恶化趋势得到明显遏制，但海洋生态环境压力依然较大，相应的海洋经济-生态系统的耦合协调度、海洋社会-生态系统的耦合协调度也受到影响。

第 9 章　江苏省现代海洋产业体系发展路径

9.1　海洋经济发展目标

9.1.1　指导思想

围绕十九大提出的“坚持陆海统筹,加快建设海洋强国”战略部署，抢抓江苏省沿海发展、长三角区域一体化及“一带一路”倡议机遇，牢牢把握“开放创新、绿色发展、前瞻布局、重点突破”的发展思路，依托优越的海洋资源条件和日益完善的沿海基础设施条件，以提升海洋经济综合竞争力为核心，以转变海洋经济增长方式为主线，以海洋科技创新为动力，以引导港口物流及临港产业集聚为重点，以发展海洋特色产业为支撑，以培育海洋战略新兴产业为突破，将海洋经济发展作为江苏省率先全面建成小康社会、率先基本实现现代化的重要引擎。

9.1.2　基本原则

1. 开放创新原则

以全球化视野配置国际海洋资源，先行先试大胆探索有利于海洋产业发展的体制机制，积极参与国际产业分工与合作，在更高层次上承接国际产业转移，实现海洋产业的开放创新式发展。积极融入“一带一路”发展倡议，创新合作机制，积极优化发展环境，努力拓展发展空间。

2. 可持续发展原则

坚持“在开发中保护，在保护中开发”，妥善处理好海洋资源开发与环境保护的关系，切实加强海洋生态文明建设，发展循环经济和低碳经济，使海洋经济的发展规模和速度与资源环境的承载能力相适应，实现海洋经济可持续发展。

3. 重点突破原则

有取有舍，集中力量发展基础条件较好、技术条件成熟、成长潜力大、产业关联度高的海洋产业领域；引导汽车制造、装备制造、生物医药、新能源等现有优势产业向海洋领域拓展延伸，构建具有较强竞争力的优势现代海洋产业群。

4. 陆海统筹原则

开发和保护并重，引导海洋产业的分工、集聚发展，以海陆一体的战略眼光整体谋划海洋经济发展和海洋产业布局，更加注重海洋生态环境保护和海洋资源的合理开发利用，实现海洋经济的可持续发展。

5. 科技兴海原则

要整合江苏省海洋科研力量，培养海洋科技人才，推进海洋科技创新体系建设，加快高新科技发展。依靠科技进步和劳动者素质的提高，加快传统海洋产业改造升级、新兴产业培育和发展的步伐，促进海洋开发由粗放型向集约型转变，增强海洋产业的竞争力，提高科技对海洋经济发展的贡献率。

9.1.3 发展目标

江苏省要遵循海洋经济自然属性和发展规律，坚持陆海联动、远近统筹、协调发展，优化海洋产业空间布局，形成以沿海陆域为基础，近岸海域为主体，沿海滩涂为抓手，远海、深海海域为契机的产业协调发展新格局。到 2020 年，现代海洋产业体系基本形成，海洋经济总体实力显著增强，基本实现海洋强省战略目标（表 9-1）。

表 9-1 江苏省“十三五”海洋经济发展主要指标

分类	指标	2020 年目标	年均增速	属性
经济发展	海洋生产总值（万亿元）	1	9	预期性
	海洋生产总值占地区生产总值的比重（%）	10	—	预期性
	海洋服务业增加值占海洋生产总值比重（%）	53	—	预期性
	海洋新兴产业增加值占主要海洋产业增加值比重（%）	20	—	预期性
科技创新	海洋研发经费支出占海洋生产总值的比重（%）	⩾2.8	—	预期性
	海洋科技对海洋经济的贡献率（%）	>65	—	预期性
环境保护	大陆自然岸线保有率（%）	⩾35	—	约束性
	海洋保护区占江苏省管辖海域面积比例（%）	11	—	约束性
	陆源直排口废水排放达标率（%）	100	—	约束性

数据来源：江苏省“十三五”海洋经济发展规划，苏政办发〔2017〕16 号.

9.2　海洋产业发展重点

9.2.1　海洋第一产业

加强科技创新，健全服务体系，大力实施现代海洋渔业重点工程，提高综合效益，进一步巩固海洋第一产业的基础地位。

1. 提升现代海洋渔业优势产业

充分挖掘海洋、滩涂和水域资源利用潜力，强化基础设施建设，优化养殖的区域结构、品种结构、模式结构，推动渔业适度规模经营，大力发展高效、生态、优质、“碳汇”渔业。做大做强富有江苏省特色的紫菜、沙蚕、梭子蟹、南美白对虾、文蛤等优势主导产业，到 2020 年海水养殖产值超过 250 亿元，培育 2~3 家百亿元的国家级优势产业基地，建设千亿元现代渔业产业带。

2. 培育海洋渔业新兴产业

调整渔业养殖结构，着力培育特色品种，大力发展休闲观光渔业，拓展渔业功能，建设全国一流的休闲观光渔业。以现代生物基因工程技术、生物信息技术等为支撑，在渔业的生物育种、生物药物、生物食品、生物饲料、生物肥料、动物疫苗、生物质能源、生物修复与生物环保等方面取得新的突破，建设全国重要的海水养殖优良种质研发中心、海洋生物种质资源库和海产品质量检测中心。积极推进渔业生产、加工、流通等的智能化管理，大力提高渔业装备和信息化水平。

3. 打造沿海百万亩高效生态养殖基地

改造提升传统海洋养殖产业，优先发展高效生态海水养殖，调整渔业养殖结构，以精品渔业园区和示范区为载体发展精品渔业，着力培育特色品种，加快完善水产原良种体系和疫病防控体系建设，打造全国重要的海水养殖优良种质研发中心，良种基地、标准化健康养殖园区和出口海产品安全示范区。延伸渔业产业链条，拓展渔业服务功能，实现水产品加工由初级加工向精深加工方向转移，到 2020 年沿海地区力争建成 5~8 个全国水产品加工示范基地，100 个符合省级标准的渔业龙头企业。

4. 加大海洋渔业资源养护力度

健全渔业资源调查评估制度，常年开展监测和评估，构建省、市、县三级渔业资源调查监测网络，提高渔业资源调查监测水平；严格控制近海捕捞强度，完善捕捞渔船管理，逐步减少近海捕捞渔船和功率总量；严格执行海洋伏季休渔制度，加大力度清理整治违规渔具渔法；加快海州湾渔场、吕四渔场等重点海域生态修复，继续建设一批水生生物资源保护区和水产种质资源保护区；加大水生生物增殖放流和人工鱼礁投放，2020 年放流数量达到 15 亿尾，建设 400km^2 的海洋牧场。

9.2.2 海洋第二产业

以结构调整为主线，以海洋船舶、装备制造、海洋风电、海洋医药等产业为重点，坚持自主化、规模化、品牌化、高端化的发展方向，着力打造带动能力强的海洋优势产业集群，进一步强化海洋第二产业的支柱作用。

1. 海洋船舶工业

着力提升海洋船舶工业竞争力，加强行业龙头骨干企业培育，鼓励通过联合、购并、控股、品牌经营、虚拟经营等方式整合中小企业，提高产业集中度。重点培育 6 家年销售收入过百亿元的船舶修造业龙头企业，力争 2 家造船企业进入世界造船前 10 强，培育 10 家上市企业。到 2020 年，江苏省海洋船舶制造能力进一步增强，造船完工量、手持船舶订单量占全国市场份额的 40%以上，20 家骨干企业全面建立现代造船模式。大力推进船舶产品高端化，充分发挥 8 家国家级船舶技术中心和 20 家省级企业技术中心的优势，顺应市场需求，推动船舶制造向大型化、全能化、特色化、低碳化转型，重点发展超大型油轮和矿砂船、大型集装箱船、大型 LNG 船等高附加值船舶。到 2020 年，造船技术水平达到或接近世界先进水平，基本实现造船强省目标。做大做强现代船舶生产性服务业，推动船舶设计、软件开发等专业化服务企业发展壮大，加快发展船舶物流、电子商务、市场和法律咨询、工程管理等现代服务业，拓展产业链条，完善产业体系。鼓励开展船舶融资租赁业务，培育船舶与海洋工程装备产业基金，促进产融结合。提高船舶配套企业市场服务水平，加快骨干配套企业全球营销服务网络建设，到 2020 年，船舶配套市场份额占全国 65%以上。

2. 海洋装备制造业

扩大海工装备产业规模。江苏省要紧跟中国装备制造业发展步伐（图 9-1），2015 年远洋船舶造船完工量 1658 万载重吨、新接订单 1213 万载重吨、手持订单 5666 万载重吨，分别占全国份额的 39.6%、38.9%、46%，占世界份额的 16.8%、12.3%、18.9%。至 2020 年，全行业销售收入和经济效益继续保持全国第一，造船完工量、手持订单量、新接订单量保持全国市场份额的 35%以上，占世界市场份额的 15%以上。海洋工程装备产业占全国市场份额超过 30%、占国际市场份额超过 20%，进一步巩固全国第一造船大省地位。

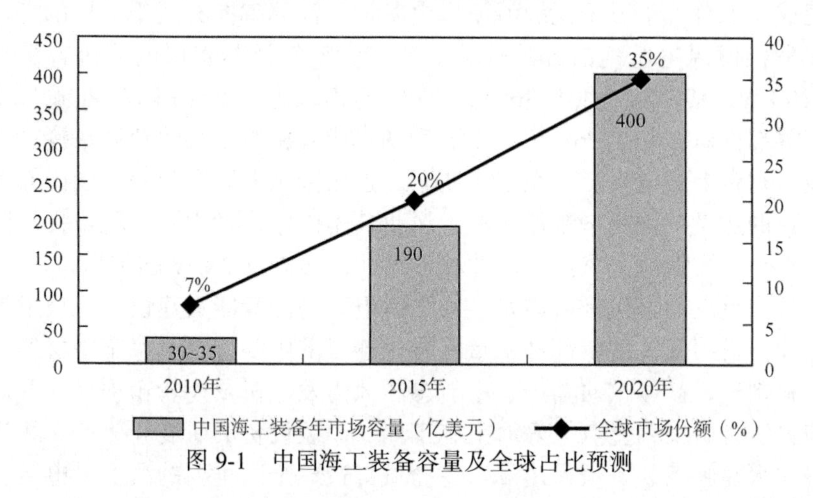

图 9-1　中国海工装备容量及全球占比预测

（1）加快已取得技术突破的海洋工程装备产业化步伐。推进自升式钻井平台、半潜式钻井平台、圆筒型钻井储油平台、浮式储油船（FSO）、海洋生活平台、浮式钻井生产储油工程船（FDPSO）、海上风电安装船、深水铺管（起重）船、穿梭油轮、三用工作船、平台供应船、深海石油平台支援船、起锚供应船等海洋工程装备产品实现产业化、系列化、批量化生产。

（2）研发新型海洋工程装备。集中力量突破超深水海洋工程装备钻井船、SSP 储油钻井船、固定采油平台、高附加值浮式生产储油卸油船、浮式储存装置、新型深水张力腿平台、深水立柱式平台，平台支持船、海洋工程拖船、大功率消防船、铺缆船、修井船、地震测量船，浮式 LNG 生产储油装置、大型全冷式 LPG 船、深海潜器等高端装备。

（3）突破一批海洋工程装备配套系统与专用设备。依托重点企业，突破一批锚泊或单点系泊类设备及系统、动力定位系统、主动力发电与传动类设备及系统、应急发电类设备及系统、起重与甲板机械类设备及系统、电气与控制类设备及系统、水上勘探及作业类设备及系统等。

（4）打造国家级海洋工程装备产业基地。推动船舶企业转型，形成以骨干企业为中心、服务江苏省、辐射全国的“江苏省海洋工程研发体系”，重点发展新型钻井平台、浮式生产储卸装置、大型一体化模块制造业，以及动力定位、单点系泊、海水淡化、油污水处理等关键系统制造业。到 2020 年，培育 8~10 家销售超过百亿的海洋工程装备生产及配套企业，努力打造国内外有较强竞争力的海洋工程装备研发、设计、总成、总包国家级海洋工程产业基地。

3. 海洋风电产业

建成国家首个千万千瓦级沿海风电基地，江苏省拥有近千公里的海岸线，具有发展沿海风电基地的独特优势。到 2020 年江苏省风电装机容量将达到 1000×10^4kW，其中陆地风电 300×10^4kW、近海风电 700×10^4kW。推进风电整机和关键零部件研制和生产，积极发展大功率成套机组，加快盐城华锐、射阳金风科技、东台上海电气、如东广东明阳、连云港国电联合等一批国内知名企业整机项目的建设，依托华锐盐城海上风机装备国家研发中心，稳步提高陆上风机装备水平，增强海上风机稳定性和可靠性，形成以 2MW 陆上风机、3~6MW 海上风机为重点的整机制造体系。加强风电装备配套能力建设，积极发展发电机、叶片、塔筒等关键零部件，重点推进连云港中复连众、阜宁中材等风机叶片及材料制造，盐城陕西秦川、中航惠腾风力发电机及齿轮箱项目。开展海上风电施工装备研发，重点抓好海上施工船、吊装设备的研制和生产，积极推进南通海洋水建施工装备项目建设。将盐城打造成全国重要的海上风电装备制造中心。盐城是江苏省发展海上风电的主要阵地，其海上风电可开发量为 1300×10^4kW，占江苏省风电可开发总量的 2/3。作为国家首批战略性新兴产业发展试点地区，盐城市应以海上风电装备研发为重点，主攻大容量风电机组整机设计和大功率发电机、大尺寸叶片等关键零部件开发能力，促进产业链向高端发展、价值链向两端延伸，实现海上风电规模化、关键技术自主化、市场销售国际化、运营服务一体化。到 2020 年，盐城市突破 3×10^4~6×10^4kW 海上风电机组整机设计和核心部件制造技术，形成一批具有国际先进水平的代表产品，建立较为完善的技术创新体系。

4. 海洋药物与生物制品业

提升海洋药物及生物制品产业规模，海洋药物及生物制品产值年均增长速度高于江苏省工业增速 10 个百分点以上，到 2020 年达到 500 亿元左右（表 9-2）。

表 9-2　中国沿海省市海洋生物医药产业发展方向

省市	主要内容
浙江	重点发展海洋功能性生物制品、生物性原料药与衍生品等行业，建设海洋生物制品基地
山东	重点发展海洋医药、海洋功能性食品和化妆品、海洋生物新材料、海水养殖优质育苗等系列产品，建设青岛为国际一流生物研发中心
福建	加快培育海洋生物医药，做大做强漳州诏安、厦门海沧、泉州石狮等海洋生物医药和保健品研究开发产业基地
广东	重点研发和推广海洋药物、工业海洋微生物产品、海洋生物功能制品、海洋生化制品，推进海洋生物医药关键技术产业化，大力发展高科技、高附加值的海洋生物医药新产品、海洋生物制品和海洋保健品，重点研发抗肿瘤、抗心脑血管疾病、抗病毒等海洋创新药物

续表

省市	主要内容
上海	重点发展基因工程、海洋生物制药、海洋生物制品及海洋保健品等海洋生物制药产业，综合开发利用海藻保健品和活性物质，争取至 2020 年，重点研究开发一批具有自主知识产权的海洋中成药、海洋生物制品及保健品

增强海洋药物及生物制品研发能力，瞄准国际海洋生物医药技术发展新动向，加快海洋生物基因工程药物与海洋极端微生物的研究。提升螺旋藻、甲壳质等系列产品附加值，开展以紫菜为原料的藻红蛋白、紫菜多糖、EPA（二十碳五烯酸）等物质提取，以沙蚕为原料的生物杀虫剂制备及以其他海洋生物为原料的产品研发，逐步形成产业规模。到 2020 年力争取得 5~8 个一类新药证书，取得 10~13 个临床研究批件，新开发海洋生物制品 100 个。加快培育海洋药物及生物制品产业基地，加强海洋生物技术研发与成果转化，重点发展海洋药物、海洋功能性食品和化妆品、海洋生物新材料等系列产品，培育一批具有国际竞争力的大企业集团。到 2020 年引进知名海洋医药与生物制品企业 10 家以上，培育过百亿元的企业 2 家、过 50 亿元的企业 3~5 家、过 10 亿元的企业 15~20 家。把大丰海洋生物产业基地、启东生物医药特色基地、连云港新医药产业基地设为国内一流的海洋生物产业基地。

5. 现代海洋化工产业

构建沿海盐化工产业集群，以大型企业集团为龙头，加快兼并重组，引导海洋化工集聚发展。巩固盐业大省地位，优化盐化工组织结构和产业结构，积极推进地方盐化工骨干企业与中盐总公司等央企合作，推进盐化工一体化示范工程，形成以高端产品为主的产业新优势，建成海洋化学品和盐化工产业基地（表 9-3）。

表 9-3　江苏省沿海县市主要产业定位

县市	主要产业
赣榆	石化、生物化工、钢铁、船舶、海洋生物制药、食品加工、新能源、机械制造、汽车零部件、电子信息
东海	硅资源加工业、新材料、轻纺业、电子信息、高新技术产业、农副产品深加工
灌云	纺织服装、船舶制造、金属制品、机械制造、精细化工
灌南	船舶修造、医药化工、冶金不锈钢
响水	纺织产业、环保化工、造船产业
滨海	纺织产业、机械制造、化工产业、农产品加工
射阳	纺织产业、机械制造、食品加工、电子信息、新能源

续表

县市	主要产业
大丰	纺织产业、机械制造、食品加工、化工产业
东台	纺织化纤、机械装备、新型材料、风电能源
如东	纺织产业、机电产业、化工产业、食品加工、清洁能源
海安	纺织服装、机械产业、电子信息、光机电一体化、生物医药、新材料、新能源
海门	纺织服装、轻工食品、机械船舶、化工、冶金、建材、电子信息
启东	纺织服装、电子信息、船舶修造、生物医药、精密机械、电动工具、新能源、精细化工

提升盐化工产业将在沿海开发中的作用，“以盐养产业为基础、以盐化工业为主导、以园区配套产业为支点”的产业发展方向，推动企业做优盐、碱产业，做强盐化产业链，增强氯碱竞争优势。推进海洋化工产业优化升级，重点开发盐化工、溴化工、苦卤化工、精细化工等系列产品。2020 年实现年产 $100×10^4$t 离子膜烧碱、$20×10^4$t 氯气、$1×10^4$t 氢气工程，初步建成千亿级的国家石化盐化一体化产业基地。积极发展海水化学新材料产业，重点开发生产海洋无机功能材料、海水淡化新材料、海洋高分子材料等新产品，加快建设连云港、盐城、南通等海洋新材料产业基地。

9.2.3　海洋第三产业

加快发展生产性和生活性服务业，积极推进服务业综合改革，构建充满活力、特色突出、优势互补的服务业发展格局，提升海洋第三产业的引领和服务作用。

1. 港口物流业

加快航道成网和港口升级，通过组建沿海港口联盟等方式，加快以连云港港为核心的沿海港群建设，完成连云港港 $30×10^4$t 级航道工程，强化以大丰港为重点的盐城港“一港四区”资源整合、统筹发展，积极支持南通港通州湾港区开发，重点推进沿海港口以 $5×10^4$~$10×10^4$t 级泊位为主体的码头建设。完善集装箱运输系统，强化连云港港集装箱干线港的功能，做大做强海运龙头企业，积极发展沿海和远洋运输，推进水陆联运、河海联运，到 2020 年现代化海洋交通网络基本完成。培植壮大港口物流业，提升“港口通过能力、集疏运能力、物流集聚能力”等能力，打造区域性物流集散中心和服务产业高地；推行水、陆、空多式联运，促进港口集疏运体系向多元化、立体化方向发展，构建与现代物流相配套的中转货运网络；加快整合现有物流资源，推行“就近报关、口岸验放”和“铁海联运”的通关模式，加快建设适应进口货物属地验放的快速转关通道，实现进出口货物的快速流转；加快培育现代大型物流企业集团，加强与中海、中远等大型央企及国际著名物流运输企业的合资合作，积极发展国际物流和第四方物流。提升港口对外开放功能，加强与知名船公司、港口企业战略合作，鼓励连云港港、大丰港等港口开辟近远洋航线。连云港港形成以美国西岸远洋干线为重点，以服务苏北及鲁西南地区对外运输等近洋航线为特色的航线网络。协调推进海事、引航等规范化管理和服务，提高国际运输船舶进江运输效率；创新监管模式，积极推进“一站式”通关和电子口岸建设，优化服务环境，提高外贸货物通关效率。到 2020 年，近远洋航线世界重要贸易地区通达率达到 80%，外贸集装箱本省港口承运率达到 60%。

2. *滨海旅游业*

提高旅游产品质量和国际化水平，深刻挖掘海洋人文资源内涵，大力开发特色旅游产品，完善旅游休闲配套设施，加快建设一批特色海洋文化旅游景区，做大做强“江苏省沿海特色”旅游品牌（表 9-4）。到 2020 年，实现接待国内滨海旅游者人数 2 亿人次，国内旅游收入 2000 亿元；实现接待入境滨海旅游者人数 270 万人次，旅游外汇收入 25 亿美元。连云港市力争建成国际知名滨海旅游城市，突出“山、海”风光特色和神话文化资源，强化新亚欧大陆桥东桥头堡、新丝绸之路东方起点和滨海城市的带动效应，凸显城市、山、海交融自然神韵，挖掘神话传说与地域民俗历史人文特色，力争连岛度假区、花果山景区升级为国家 5A 景区。盐城市力争建成世界级湿地生态旅游目的地，依托“银滩海韵，东方湿地，鹤鹿故乡”的旅游特色，着力发展湿地生态、红色旅游、白色海盐、蓝色海洋为主题的特色文化旅游。丹顶鹤湿地生态公园、中华麋鹿园等争创国家 5A 级旅游景区，到 2020 年，1~2 个景点成为国际知名品牌，旅游产业部分经济指标进入江苏省先进行列。南通市力争建成独具魅力的江海旅游门户城市，彰显滨江临海、江风海韵的特色，打造小洋口温泉、通州湾临海生态湿地、蛎岈山国家海洋公园、圆陀角江风海韵等旅游品牌。进一步提升狼山、濠河等品牌旅游区，大力开发休闲文化旅游资源。到 2020 年，旅游外汇收入达到 16.5 亿美元，国内旅游接待人次达到 3000 万人次，旅游收入达到 1200 亿元。

表 9-4　江苏省沿海旅游资源概况

城市	旅游资源
连云港	花果山、孔望山、渔湾、连岛、海头浴场、海州浴场、黄窝浴场、前三岛鸟岛与海珍品养殖观赏区
盐城	大丰麋鹿国家级自然保护区、盐城国家级珍禽自然保护区、新四军纪念馆、海盐博物馆、大纵湖
南通	狼山风景区、军山、圆陀角风景区、砺岈山生态旅游区

3. 海洋商务服务业

加快推进航运服务功能集聚区建设，依托港口资源，以园区、产业基地、项目组团建设为载体，完善金融服务、科技研发、行业中介等公共服务平台建设，加快为海洋工程配套的现代服务业的集聚发展。加快海洋信息体系建设，整合利用江苏省海洋信息技术和资源，建设“数字海洋”，在数据基础平台上实现多功能、多用户、高精度、数字化的信息服务，依托海洋信息服务公共平台，提供海上通信、海上定位服务、海洋资料及情报管理服务等，积极培育大型信息服务企业，促进海洋信息服务向集团化、网络化、品牌化发展。大力发展中高端航运与基础服务业，提升口岸与行政服务、金融保险、航运物流交易、信息咨询、法律服务、科技研发、咨询中介服务、人才服务、邮轮经济、企业孵化与加速器等中高端航运服务业服务水平。加快发展船舶代理、货运代理、船舶供应、船员管理、船舶管理、船舶修理、船舶检验等基础服务业。大力发展涉海中介及会展服务业，加快培育涉海业务中介组织，重点发展船舶交易、航运经纪、航运咨询、海洋环保、海洋科技成果转化交易等新兴海洋商务服务业。积极发展会展交易服务业，提升国际会展功能，打造区域性和国家级会展品牌。

4. 海洋文化产业

（1）扶持壮大滨海文化旅游业。发挥江苏省海岸线漫长，海洋盐业文化、海洋民俗文化、海洋神话、海洋饮食文化和滩涂体育文化等资源优势，对这些文化旅游主题进行深入挖掘，可以整合成独具地方特色的系列海洋文化旅游产品。同时利用历史文化遗存、博物馆文化和蓝印花布、沈绣、淮剧等代表性的非物质文化遗产，发挥文化旅游功能，促进文化与旅游业融合发展。

（2）积极培育涉海影视动漫业。深入挖掘极具江苏省沿海特色的海商文化、海洋历史文化、民俗文化、渔业文化、民间文学艺术等文化遗产，开发制作具有浓厚地域文化特征的影视作品，开展海洋文化产业创意项目，积极打造海洋文化产业新高地。

（3）大力发展海洋节庆会展业。紧密结合江苏省沿海地域文化、渔乡文化、民俗文化、民间文艺，通过举办“夏季海洋节、沙雕节、海鲜美食节、水产品展销会、渔港民间文化大会”等节庆文化活动，丰富了海洋文化内涵和形式，提升江苏省海洋文化的影响力，带动相关产业的发展。

（4）着力打造海洋文化产业集群。整合现有涉海产业资源，突出重点产业和项目，有针对性地扶持和培育一批骨干企业和大项目。以建设海洋文化产业园区为载体，按照主体功能规划进行产业布局和产业引导，鼓励高新技术产业和文化创意产业进驻产业园区，形成集聚效应。

9.3　海洋经济空间布局

遵循海洋经济自然属性和发展规律，坚持陆海联动、远近统筹、协调发展，优化海洋产业空间布局，加强连云港、盐城、南通三市资源整合，依托现有产业基础和比较优势，围绕港口建设、特色产业发展、海涂资源利用、环境生态建设，建立区域产业分工体系，形成以现代港口为基础、先进制造业为主体、生产性服务业为支撑的产业协调发展新格局。

9.3.1　沿海陆域

根据沿海地区海洋资源分布和发展状况，优化空间布局，引导优势产业向优势区域集中，在沿海地区构建“一带三港群三产业板块”的沿海产业布局模式（图 9-2）。

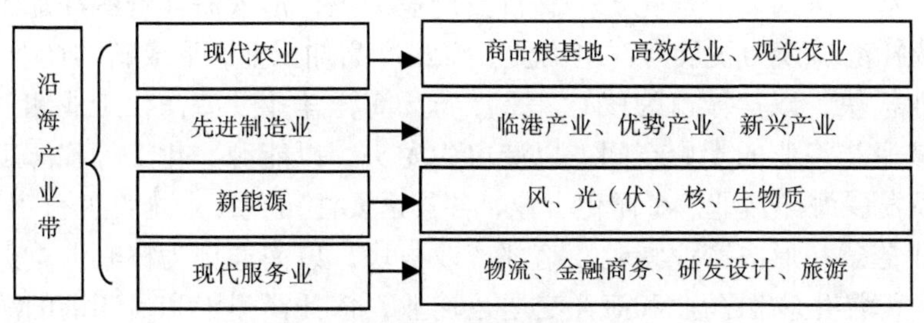

图 9-2　沿海产业带结构组成图

1. 打造“E”型特色海洋经济带

江苏省海洋经济发展应立足沿海地区，合理配置陆海资源，着力开发海洋资源，增强陆海之间经济的整体性、产业的关联性。依托长江黄金水道，加强沿江重要港口集疏运体系建设，打造江海联运服务基地，统筹推进铁路、公路、航空、油气管网建设，逐步形成网络化、标准化、智能化的综合立体交通走廊和能源通道。实现陆海、江海、河海经济一体化发展，构建以沿海、沿江、沿淮河和沿亚欧大陆桥为轴的“E”型特色海洋经济带，促进沿海产业集聚、沿江产业提升、陆海产业协同。在经济带的不同区域，要因地制宜地发挥各地优势，确立各地功能定位和主导产业，形成区域产业分工体系，全力打造北部海洋重化工业板块、中部海洋生态产业板块和南部海洋船舶及海洋工程装备制造业板块。

2. 构建沿海三大产业港口群

现代港口是产业集群形成与发展的前提条件，依托于港口发展产业，可以有效地降低运输成本，以获得有利的成本优势和竞争优势。围绕“发挥港口资源丰富的优势，加快以连云港港为核心的沿海港口群建设，壮大港口实力，提升服务功能，发挥连接南北、沟通东西的桥梁作用，建设我国重要的综合交通枢纽，成为辐射带动能力强的新亚欧大陆桥东方桥头堡”的目标，依托港口开发建设，通过重大项目的带动，加速石油化工、钢铁与装备制造、生物科技、新能源、物流等临港产业集聚。

3. 优化沿海南北中三大产业板块

北部产业板块，以连云港市为核心，重点布局海洋渔业、海洋盐业、海洋生物医药、海洋化工、海洋船舶工业、海洋油气业和海洋交通运输业等，以海洋食品、海洋医药、海洋化工等高科技产业为主，形成海洋资源深加工的产业集群，依托港口大力发展海洋电力业、海水产品加工业，形成新的产业集聚区。中部产业板块，以盐城市为核心，重点布局海洋盐业、海洋化工业和滨海旅游业，缩减海洋渔业的发展空间。以港口为龙头，以能源、化工等临海工业为支柱，积极发展海洋盐业、海洋化工业，各县区要注重化工业内部的分工与协作，延伸产业链条，形成产业特色。南部产业板块，以南通市为核心，重点布局海洋渔业、海洋生物医药业和海洋交通运输业，依托洋口港和吕四港的港口资源优势，加强港口基础设施建设，布局海洋船舶制造、海洋交通运输业，积极促进海洋交通运输业的快速发展。

9.3.2　沿海滩涂

江苏省沿海地区独特的动力地貌孕育了大量的沿海滩涂，未围滩涂总面积为 $50×10^4 hm^2$，约占全国的 1/4。2016~2020 年，计划围垦滩涂 $9.33×10^4 hm^2$，打造现代农业综合开发区、生态旅游综合开发区、临港产业综合开发区和绿色城镇综合开发区“四区”联动新格局（表 9-5）。

1. 发展现代农业综合开发区

大力发展设施农业、生态农业、观光农业、特色农业等，实施成片开发，推进规模化生产、产业化经营、公司化管理，建设商品粮、盐土农作物、生物质能作物和海淡水养殖基地，延伸农业产业链，发展农（水）产品加工业，把沿海滩涂建成我国重要的绿色食品基地和观光生态农业产业基地。

表 9-5　沿海滩涂开发围区功能分类

功能分类	编号	岸段（沙洲）
现代农业综合开发区	A05	小东港口—新滩港口
	A06	双洋港口—运粮河口
	A09	王港河口—川东港口
	A10	川东港口—东台河口
	A12	方塘河口—新北凌河口
	A13	新北凌河口—小洋口
生态旅游综合开发区	A14	小洋口—掘苴口
	A19	协兴港口—圆陀角
临港产业综合开发区	A04	徐圩港区
	A07	运粮河口—射阳河口
	A08	四卯酉河口—王港河口
	A15	掘苴口—东凌港口
	A17	遥望港口—蒿枝港口
绿色城镇综合开发区	A01	绣针河口—柘汪河口
	A02	兴庄河口—临洪口
	A03	临洪口—西墅
	A11	条子泥
	A18	蒿枝港口—塘芦港口

资料来源：江苏沿海滩涂围垦开发利用规划纲要，苏政办发〔2010〕109 号.

2. 建设生态旅游综合开发区

加强沿海防护林、护岸林草、平原水库、湿地等建设，充分利用沿海特有的海洋、湿地、文化等旅游资源，大力发展滨海旅游业，择优布局旅游度假区，建设生态旅游示范区。

3. 推进临港产业综合开发区

依托港口发展大型临港产业，提高投资强度和产出效率。充分利用新增岸线资源，挖掘建设深水港口的条件，加强港区建设，有效拓展港口作业空间。充分利用滩涂资源优势，大力发展石化、冶金、装备制造、粮油加工、物流等临港产业，鼓励发展高新技术产业和环保产业，积极发展风能、太阳能、洋流能、潮汐能、生物质能等新能源产业。

4. 启动绿色城镇综合开发区

推进临海城镇建设，促进人口集聚，提升支撑服务功能，建设低碳、绿色新城镇，提高人居适宜性。发展临港配套产业，建设循环经济产业园，提高滩涂开发的层次和水平。

9.3.3 近岸海域

江苏省近海海域拥有丰富的海洋渔业、油气矿产和海洋可再生能源等资源，海洋开发潜力巨大，实现“一区两工程五产业”产业布局，对江苏省近海经济综合开发具有重要意义。

1. 建设海洋保护区

加强现有海洋保护区管理，严格限制 3 个海岸海洋保护区和 12 个近海海洋保护区内影响干扰保护对象的用海活动，维持、恢复、改善海洋生态环境和生物多样性，保护自然景观（表 9-6）。

表 9-6 江苏省海洋保护区

海洋保护区	内容	总面积/km^2	核心区面积/km^2
海岸海洋保护区（3 个）	临洪河口湿地保护区、盐城湿地珍禽国家级自然保护区、大丰麋鹿国家级自然保护区	3776.46	374.11
近海海洋保护区（12 个）	秦山岛海蚀和海积地貌保护区、海州湾生态系统与自然遗迹海洋特别保护区、前三岛鸟类特别保护区、达山岛领海基点特别保护区、鸽岛海蚀地貌保护区、羊山岛自然遗迹和非生生物资源保护区、开山岛海蚀地貌保护区、麻菜珩领海基点保护区、外磕脚领海基点特别保护区、海门蛎岈山牡蛎礁海洋特别保护区、启东长江口（北支）湿地自然保护区		

2. 实施经济型岛屿开发

加强对连岛、秦山岛、竹岛、羊山岛等海岛的保护与开发。在连岛重点发展集旅游、度假、休闲、体育为一体的海岛旅游业，适当发展休闲渔业、海水综合利用、海洋能源等环境友好型产业。在秦山岛、竹岛、羊山岛和开山岛，加强珍稀物种、自然遗迹、海蚀地貌和湿地保护，以秦山岛为主园区建设海洋公园，大力发展海上旅游、休闲渔业等产业。在前三岛重点发展海钓休闲渔业以及深水网箱、底播增养殖，建设江苏省最大的海参、鲍鱼等海珍品养殖基地。

3. 推进海水淡化工程

开展海水淡化，积极推广中小规模的蒸馏法和膜法海水淡化技术及项目应用。到2020年，建立4~5个海水淡化示范工程。培育发展海水利用设备制造，加快反渗透膜、能量回收装置和高压泵等组件以及高效蒸馏部件等的自主化研发。

4. 壮大临海农渔业

农渔业区是指适于拓展农业发展空间和开发海洋生物资源，可供农业围垦、渔港和育苗场等渔业基础设施建设，海水增养殖和捕捞生产，以及重要渔业品种养护的海域。渔港建设应合理布局，节约集约利用岸线和海域空间。确保传统养殖用海稳定，支持集约化海水养殖。加强海洋水产种质资源保护，严格控制重要水产种质资源产卵场、索饵场、越冬场及洄游通道内各类用海活动。控制近海捕捞强度，加大渔业资源增殖放流力度。

5. 营造绿色宜居城市

优先发展国家产业政策鼓励类用海产业，鼓励海水综合利用，严格限制高耗能、高污染和资源消耗性工业项目。在适宜的海域，采取离岸、人工岛式围填海，减少对海洋水动力环境、岸滩及海底地形地貌的影响，防止海岸侵蚀。城镇用海区应保障社会公益项目用海，维护公众亲海需求，加强自然岸线和海岸景观的保护，营造宜居的海岸生态环境。

6. 发展港口航运业

深化港口岸线资源整合，优化港口布局，合理控制港口建设规模和节奏，重点安排连云港港等主要港口的用海。堆场、码头等港口基础设施及临港配套设施建设围填海应集约高效利用岸线和海域空间。

7. 论证矿产与能源区业

科学论证与规划海上油气、固体矿产、盐田和可再生能源的开发价值。推进海洋生物能、潮汐能等其他海洋新能源开发利用的前期准备工作，积极开展风电设备研发、制造，培育发展一批风电设备制造骨干企业，形成整体竞争优势，建设更加完整的产业链和更具竞争优势的特色产业基地。

8. 优化旅游休闲业

优化空间布局，重点打造海州湾、墟沟、连岛、灌河口、废黄河口、海口枢纽、大丰港、川东港口、老坝港、洋口渔港、刘埠港、圆陀角 12 个海岸旅游休闲娱乐区，秦山岛、竹岛、羊山岛、开山岛、东沙 5 个近海旅游休闲娱乐区。

9.3.4 远海、深海海域

远海海域辽阔，海洋生物、海洋矿产资源丰富，开发前景广阔，是实施海洋经济综合开发的重要区域之一。

1. 力推远洋渔业

实施海外渔业工程，争取公海渔业捕捞配额，适当增加现代化专业远洋渔船建造规模，重点培育赣榆、射阳、启东、如东、海门等远洋渔业基地，推进远洋渔业产品精深加工和市场销售体系建设，把启东打造成为国际性海洋水产品集散地。

2. 发展远洋运输业

推进海运船舶大型化、专业化，至 2020 年，江苏省远洋运输企业船舶总吨位达 1000 万载重吨。发展和优化航线航班结构，重点发展美国西岸航线，巩固提升现有日、韩航线密度，加密巩固现有内贸直达航线。

3. 推动深海石油开发

按照以近养远、远近结合，自主开发与对外合作并举的方针，加强黄海海域深水油气勘探开发形势跟踪分析，积极推进深海对外招标和合作，尽快突破深海采油技术和装备自主制造能力，大力提升海洋油气产量。

4. 助力深海装备制造业

依托江苏省海洋装备制造业技术优势，通过几年努力，提升勘探勘察装备、深水钻井平台或钻井船及支持船、深水水下设备安装维修船舶、深水水下生产系统设备、深水装备关键配套设备的研发和制造水平。

5. 筹谋深海采矿业

在实施海洋强国战略的大背景下，国家对深海资源开发将日益重视，未来会加强深海资源开发的布局，将其上升为与太空发展并行的国家战略。面对国际深海矿产资源开发活动日趋活跃，一些企业深海采矿计划正在或已经付诸行动，商业性深海开采已见端倪。

9.4 主要结论

（1）江苏省传统海洋产业比重较大，海洋交通运输、海洋船舶、滨海旅游、海洋渔业四大主导产业增加值，总体占比超过90%。在对海洋交通运输、海洋船舶、滨海旅游、海洋渔业等传统海洋产业进行巩固和产业升级外，要积极培育新兴海洋产业，以此不断探索和实践海洋经济可持续发展。

（2）江苏省海洋工程装备制造业已经占据了全国三分之一的市场；风电产业在江苏省也有极大的发展潜力；海洋生物医药产业也在为江苏省海洋经济的发展贡献更大的推动力。这三大新兴产业将成为江苏省海洋经济新的增长点。

（3）选取海水淡化与综合利用产业、海洋观测与探测装备产业、海洋工程配套装备与设备产业为江苏省海洋新兴产业主要发展方向，努力培育一批全国领先的产业集群集聚区。

（4）综合江苏省沿海地区发展基础、区位特征与资源禀赋，细化海洋三次产业的发展方向，构建从陆域到海洋、沿海到远海、浅海到深海，特色鲜明、优势互补、集聚度高的海洋经济空间布局。

第 10 章　江苏省海洋经济发展对策建议

10.1　海洋经济发展存在的问题

10.1.1　微观问题

近年来，江苏省海洋经济呈现稳中有进的发展态势。但海洋产业仍以海洋交通运输、海洋船舶、海洋渔业等传统海洋产业为主，海洋产业发展水平与海洋经济较发达的广东、山东和上海相比还有较大的差距。

1. 海洋经济保持高速增长，但发展水平相对滞后

“十二五”期间，政府深入贯彻海洋强省战略，充分发挥海洋资源优势，不断加大投入力度，有力促进了海洋经济的较快发展。2016 年，江苏海洋生产总值达到 6860.22 亿元，同比增长 12.4%，占全省地区生产总值比重约为 9.0%。江苏省作为全国经济强省，经济规模在全国居第二的地位，落后于广东省，领先于浙江省，小幅领先于山东省。但海洋生产总值与广东相差 8000 亿元，与江苏省在全国的经济地位不相吻合。

2. 海洋产业结构调整步伐加快，但第三产业的增速较小

近年来，海洋经济结构升级的步伐明显加快，2016 年三次产业占比为 4.4∶46.5∶49.1。海洋工程装备、海洋船舶制造、海上风电、海洋交通运输等产业门类日趋增多，形成了多元化发展的海洋产业格局。但从总体上看，江苏省海洋产业结构变动速度仍比较缓慢，海洋第三产业的增长幅度与海洋经济整体的增长不一致，海洋经济产业结构在多元化上低于全国平均水平。

3. 海洋新兴产业发展方兴未艾，但科技兴海的力度不大

近年来，江苏省海洋生物医药业、海水利用业、海洋电力业、海洋现代服务业发展迅速，并已经逐渐形成一定规模。海洋工程装备制造业占据了全国三分之一的市场，南通中远船务建造了世界先进圆筒型超深水海洋钻探储油平台，无锡 702 所牵头研制的“蛟龙号”海洋深潜技术进入世界先进行列，风电产业极具发展潜力。但与区域自主创新的要求相比，科技对海洋经济的贡献率在 50%

以下，关键技术自给率和科技成果转化率较低。

4. 海洋生态环境保护形势严峻

近年来，江苏省不断改革完善海洋生态环境保护管理制度，加大对海洋生态环境的保护力度，对沿海化工园区进行专项整治，建立企业入海直排口在线监测系统，实施污染物总量控制制度，科学划定生态保护红线，有效改善了海洋环境。但随着江苏省沿海经济社会的快速发展，海洋环境污染风险正在加大。一是近岸海域生态系统遭受破坏。受部分跨省流域性河流上游来水影响，加之江苏省沿海地区部分排污口排放质量不达标，近海养殖业和种植业的原始生态结构遭到破坏，海洋生态群落呈现简单化结构，生物资源持续衰退。受沿海区域工业污染，江苏省沿海部分区域的水质已经低于四类海水水质标准，污染面积正逐渐加大。二是粗放型用海开发活动亟待转变。随着沿海大开发战略的实施，江苏省大力推进涉海工程和用海项目建设，沿海化工园区集聚，港口基础设施和物流作业均存在事故隐患，海洋环境污染事件突发的风险逐步加大，原生态岸线湿地面积逐渐减少，生态平衡功能弱化，海洋环境监测和海洋监察执法体系有待进一步完善。

10.1.2　宏观问题

1.《全国海洋经济发展“十三五”规划》重大战略部署，不容忽视江苏省沿海经济带“着力点”的支撑问题

《全国海洋经济发展“十三五”规划》从空间布局维度发挥“三圈（北部、东部和南部三个海洋经济圈，覆盖辽宁、山东、浙江、福建、广东等省）、四区（上海、天津、广东、福建四个国家自由贸易区）、五点（山东、浙江、广东、福建、天津五个全国海洋经济发展试点地区）”“板块效应”，拓展了海洋经济发展的新空间。从节点功能视域发挥了沿海城市“珍珠链效应”（主要节点城市包括：天津、青岛、威海、上海、宁波、舟山、厦门、北部湾城市等），串联起快速发展的沿海经济带。

2. 扬子江城市群效能重塑，不容忽视沿江沿海“双向开放”的联动问题

在重构江苏省区域功能布局的格局中，扬子江城市群的形成与发展起着龙头与核心的作用。沿海经济带要利用自然、区位和港口资源优势，积极承接扬子江城市群高端生产要素集聚的创新功能，既要“向外”使劲，也要“向内”使劲。

3. 沿海经济带行政区划和经济体量太小，不容忽视“小马拉大车”的疲软问题

江苏省沿海只有三个中心城市，远远低于全国沿海省份平均六个中心城市的水平。因而，经济发展量级不够，整体发展水平还不高，辐射带动效应有限，难以有效支撑沿海开发国家战略。2016 年江苏省沿海三市经济总量为 13 719 亿元，相当于当年江苏省经济总量的 17.53%。与之相比，山东沿海占比为 49.88%、浙江为 82.13%、福建为 81.35%、广东为 87.6%。

4. 淮海经济区协同发展，不容忽视“港口—腹地”的共建共享问题

行政区划与江、海、河等地理空间分割，导致了苏北城市的“条状”空间形态缺陷，出现了有限的城市体量，众多的区域中心。这种离心式发展，使得连云港港只承担了江苏省徐州、宿迁、淮安三市 40%的运输物流，从而制约了沿海港口的发展潜能。

5. 江淮生态经济区建设，不容忽视“点、线、面”同步推动问题

江淮生态经济区具有独特的地位和生态价值、生态优势、生态竞争力。在构建高效、集约、均衡、永续发展的美好江苏省进程中，“1+3”功能区要合力推动江苏省 92 个重要生态功能区绿色发展一体化进程。以“生态+”引领、“板块+”协同，创新绿色发展的新模式、新业态，进而形成一个江—海—河—湖—陆开放融合、协同发展的大生态系统。

10.2　海洋经济发展路径

发挥江苏省得天独厚的海洋资源和区位条件优势，以六大示范（实验）区为平台、六大基地为载体、六大工程为引擎，在开放合作、生态文明、可持续发展、区域协调、产业优化等方面提升海洋强省重大战略载体支撑和服务功能，形成产业集群发展格局。

10.2.1　以“六大示范（实验）区”建设为平台，力促海洋经济上水平

1. 打造中韩海洋经济开放合作示范区

充分发挥沿海地区和韩国区位相近、经济交流合作基础较好的优势，积极借鉴韩国依托沿海、利用外部资源、开发外部市场的经验，借鉴韩国推进沿海滩涂资源开发及海洋经济生态绿色发展的先进理念。依托沿海广阔的开发空间，借助国家积极推进东亚经济合作及“一路一带”的倡议机遇，在海洋经济发展角度构建与韩国全方位的开放合作关系，全面提升与现代起亚汽车集团、三星

集团、LG 集团、LS 集团、现代摩比斯等韩国前百强企业合作的质量和水平，营造江苏省沿海开放型经济新高地，创建国家级韩资集聚区，打造中韩海洋经济开放合作示范区。

2. 推进国家海洋生态文明建设示范区建设

加快产业结构优化与调整，转变经济发展方式，打造蓝色产业链；大力推动海洋生态保护和建设，率先开展以贝类增殖、海藻养殖、海草种植为主要内容的海洋蓝色碳汇试点；选择重点海域开展海洋环境容量和总量控制试点，切实加强污染物入海排放管控；加强海洋生态环境修复，建成一批海洋生态环境修复示范区；加强海洋生态历史文化理论研究、保护和合理利用，建设一批海洋生态文化保护区；积极建设海洋科普文化基地和海上生态公园等涉海文化设施，营造全社会共同参与海洋生态文明示范区建设的良好氛围。

3. 加快盐城国家级滩涂综合开发试验区建设

依托沿海丰富的滩涂资源，按照长三角区域发展规划及江苏省沿海发展规划两大国家战略对盐城沿海的功能定位要求，加快开展百万亩滩涂综合开发试验区开发利用建设，优化空间布局，承载长三角发展势能向北部的地区的辐射，打造区域转型升级合作示范区；注重发挥生态优势，着力打造东部沿海低碳循环可持续发展试验区，我国东部沿海地区低碳绿色发展模式先行先试，积极探索；注重推动滩涂资源综合开发，针对滩涂资源开发存在的体制机制瓶颈及突出问题，创新开发模式，着力打造滩涂综合开发的体制机制创新示范区。

4. 发挥盐城国家可持续发展实验区的示范作用

实验区要以转变经济增长方式为主线，以经济结构调整、保障和改善民生为重点，以江苏省沿海发展和长三角一体化发展两大战略的实施为载体，充分放大沿海资源优势，不断彰显生态特色，积极发挥科技支撑引领作用，探索“在保护中开发、在开发中保护”的可持续发展路径，构建资源节约型、环境友好型的发展模式，实现经济社会发展、资源开发利用和生态环境保护的“共赢”，为我国沿海地区实现经济社会又好又快发展提供实践经验、发挥示范作用（图 10-1）。

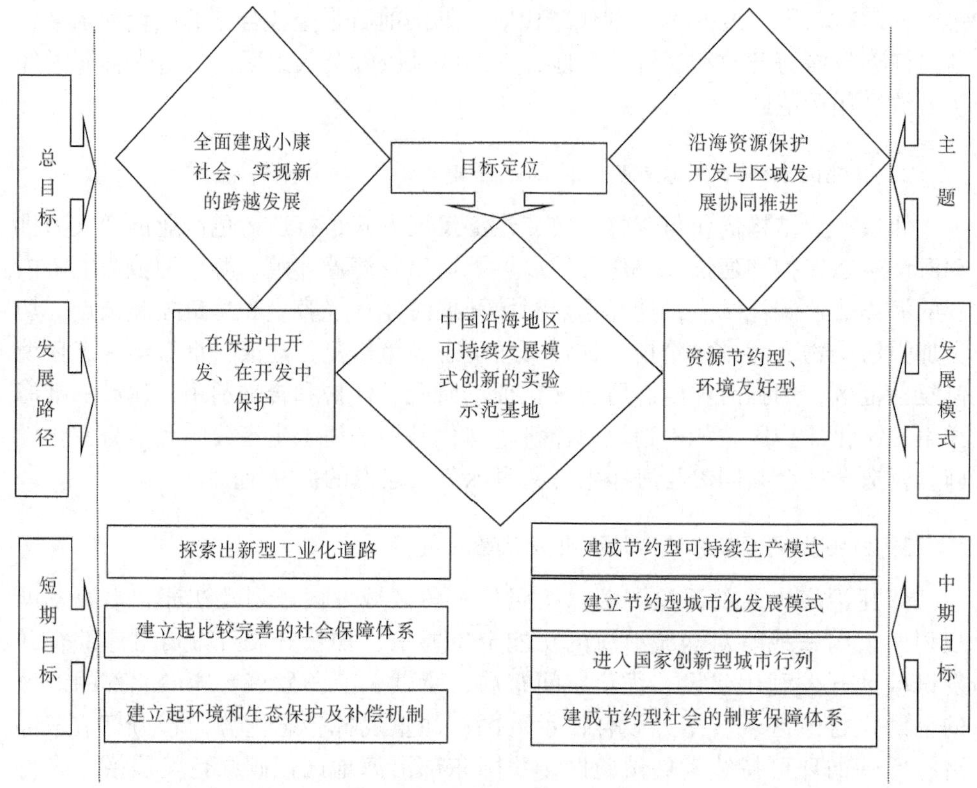

图 10-1　可持续发展战略的重点领域和目标

5. 提升连云港国家东中西区域合作示范区的合作层次

加快建设连云港国家东中西区域合作示范区，提升连云港陆桥通道桥头堡功能，打通向西开放的国际大通道，进一步拓展中亚、中东、南亚市场。把联动实施江苏省沿海开发战略与21世纪海上丝绸之路建设结合起来。到2015年，示范区建设初见成效，服务中西部地区对外开放的能力显著提升。到2020年，示范区的进口资源加工基地、出口产品生产加工基地、产业承接与转移基地全面建成，服务中西部地区对外开放的重要窗口功能更加完善，以港口为核心的综合交通枢纽作用充分发挥，面向中西部地区的合作服务体系更加完备，东中西区域产业合作层次进一步提升。

6. 激发南通陆海统筹综合配套改革试验区的统筹效应

以创建陆海统筹发展综合配套改革试验区为契机，加快推进沿海港口航道、快速干道、内河航道等一批交通基础设施建设，构建区域集疏运体系，为陆海统筹发展打通关键环节；着力推动陆海发展定位、陆海发展规划、陆海资源有效利用、陆海生态环境建设、陆海统筹管理、陆海减灾防控体系“六个衔接”，努力激发新的活力，形成新的生产力；发挥靠江靠海的资源禀赋，加快发展海洋工程、新材料、新能源等战略性新兴产业，海洋交通物流、海洋装备、海洋能源等陆海复合型产业，奋力打造有南通特色的沿海沿江产业带，推动产业结构的重大调整。

10.2.2 以“六大基地”建设为载体，优化海洋产业结构

1. 打造长三角北翼重要的绿色食品产业基地

按照“高效、现代、生态、优质、安全、规模化”现代渔业建设目标，改造提升传统海洋养殖产业，优先发展高效生态海水养殖，建设一批生态友好型精品渔业园区和示范区。

（1）加强地理标志产品的认证。完善优良品种高产高效养殖模式和养殖技术，按照生产标准化、无公害的要求创立一批高标准的精品渔业养殖园区，建立水产品质量安全体系，全面实现水产品优质无公害，并向绿色水产品、有机水产品方向发展。

（2）加快水产品集散中心建设。以沿海丰富的咸水鱼、泥螺、文蛤、海蓬子、海蜇、紫菜、藻类等特色水产资源为原料，以龙头企业为载体，培植规模企业，形成海产品加工产业集群。以赣榆、射阳、如东、启东渔港为依托，推进精深加工、冷链物流及活体物流，使之成为长三角北翼最大的水产品集散区。

（3）建立黄海水产品遗传育种中心。利用沿海滩涂、苗种资源丰富等优势，加快原（良）种场建设和品种的改良、驯化和引进工作，在生产繁育鱼、虾、蟹、贝、藻、蜇等种苗的基础上，提高水产遗传育种基础工作和开发研究能力。

（4）建设绿色农副产品加工区。以“沿海现代高效农业示范园区”为核心，采取园区式开发模式，促进优质品种和技术全覆盖，促使农产品加工由初级向高级转变，并申请以农产品为特色的出口加工区，促进农业产业外向型发展。

2. 发展沿海重要的海洋高科技产业基地

加大对海洋药物和生物制品的开发生产力度，开发附加值和技术含量高的保健型、功能型海洋食品和具有特殊功能产品。大力发展海水综合利用，开发海水利用成套技术，加强与制盐、热电、化工等产业相结合，打造“新能源—海水淡化—浓海水制盐—海水化学资源提取利用”新的产业链，提高海水利用规模和水平。

（1）着力培育海洋新医药产业。充分利用沿海海洋生物资源优势，大力开展海洋动物药、海洋植物药和海洋矿物药的研制，重点开发抗肿瘤、抗心脑血

管疾病、抗病毒等海洋创新药物（表 10-1）。

表 10-1　江苏省沿海海洋医药业品种选择

品种	原料来源	疗效	经济、社会价值
四角蛤蜊功能性保健品	贝壳和软体部分	保健	海洋低值贝类升值；废品回收利用
水产蛋白酶解降血压肽	低值水产品（鲢鱼、贻贝、虾、蟹等）动物蛋白	降血压	水产品产量很大，发展该类项目可以有效提升海洋水产业的结构层次和经济效益
红藻多糖植物纤维药用胶囊	紫菜、石花菜	降血糖、降血脂、调节肠胃功能	顺应人们崇尚自然的消费理念
抗动脉粥样硬化新药	海洋动物蟹类外壳中所含的甲壳质	降血脂	甲壳质的原料丰富；能够提高产业的结构层次和增加产品附加值

（2）做大做强新能源淡化海水高科技产业。海水淡化产业向高端饮用水、生理盐水、医药用水等高端水方向发展，吸引海水淡化风机制造、浓盐处理、淡化水商业化运作的龙头企业落户，实现产业协同集聚发展。

（3）大力发展海洋精细化工高科技产业。培育和发展海洋新材料产业，重点开发海洋无机功能材料、海水淡化新材料、海洋高分子材料等新产品（图 10-2）。

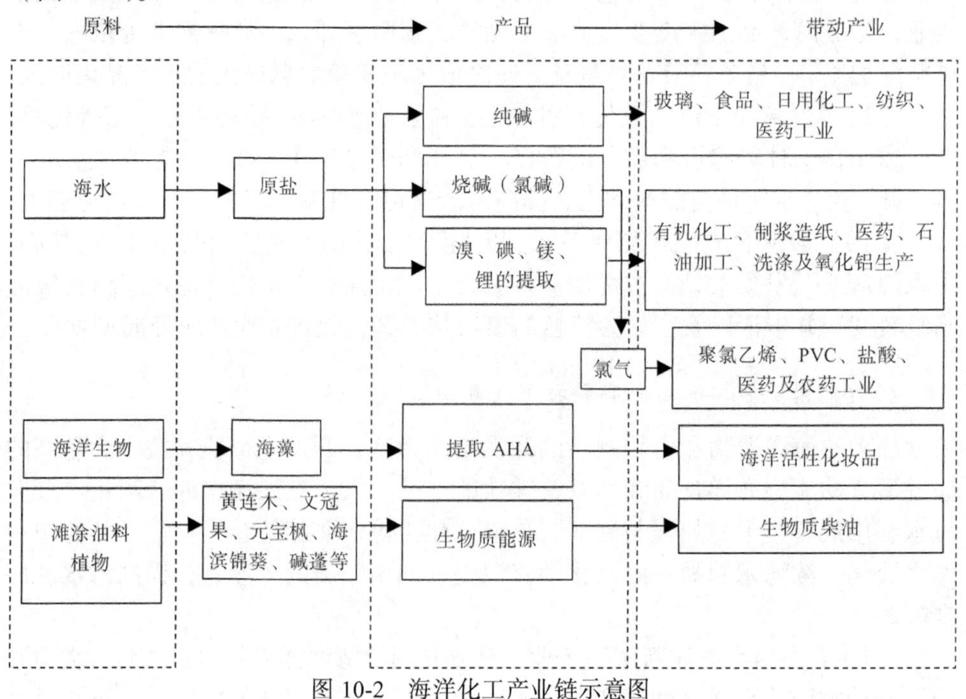

图 10-2　海洋化工产业链示意图

3. 培育全国重要的滨海新能源产业基地

沿海风能资源十分丰富，建设沿海风电场的条件优越，是打造全国重要的滨海新能源产业基地的理想场所。

（1）加快中国东部沿海风电能源基地建设。盐城大丰市、东台市沿海的东沙发展海上风电场条件更是得天独厚，是全球难得的建设大型海上风电场的理想地，积极推进风电场建设，并同步提升电网建设力度，确保风电发电有效实现并网。

（2）壮大中国东部沿海太阳能产业基地能力。滨海常年日照时间长，太阳能资源非常丰富，不断壮大太阳能热能产业，并将产业链向太阳能汽车、薄膜太阳能电池技术、太阳能光伏发电与光伏材料等产业延伸。

（3）提升中国东部沿海风光互补型新能源装备制造基地水平。重点发展风机、风叶、塔筒等风电装备产业，形成从风机关键零部件到整机组装完整产业链条。重点发展光伏组件、装备、背板、背膜和光伏地面地站，推进产业链向低成本、高效率太阳能电池创新技术、太阳能汽车、薄膜太阳能电池技术与光伏材料等产业延伸（图10-3）。

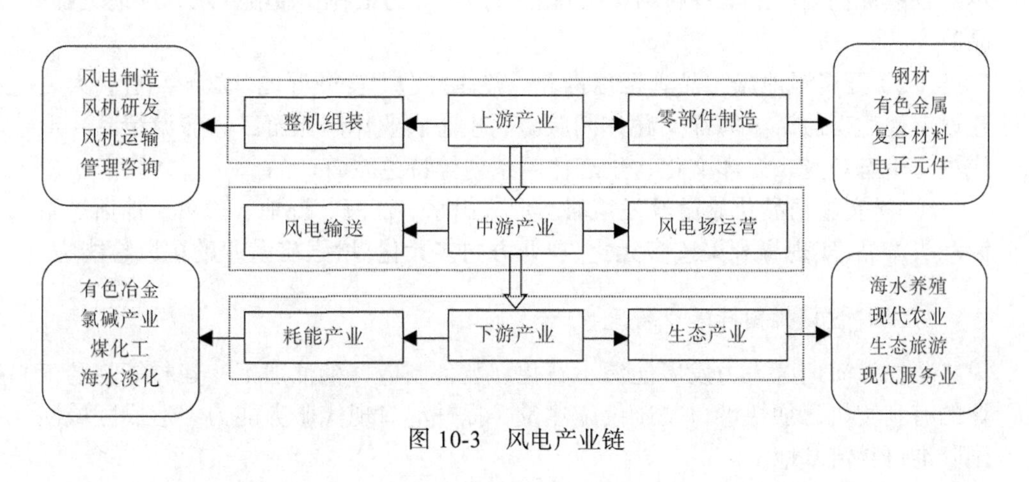

图10-3　风电产业链

4. 建设东部沿海特色滨海湿地生态旅游基地

积极围绕“发展大旅游、开拓大市场、形成大产业”战略思路，挖掘海洋自然、人文资源内涵，培育滨海旅游精品，打造我国东部沿海特色滨海湿地旅游基地（图10-4）。

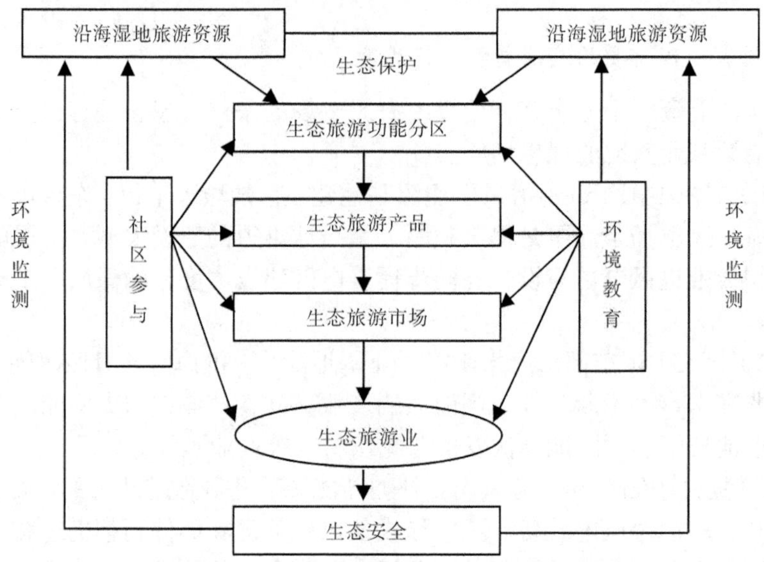

图 10-4 江苏省沿海湿地生态旅游开发模式

（1）建设沿海湿地生态旅游和生态文化旅游集聚区。以射阳丹顶鹤国家级珍禽自然保护区、大丰麋鹿国家级自然保护区等为依托，做响“东方湿地之都”品牌。

（2）开展湿地旅游品牌全球推介。整体打造“盐城湿地”旅游品牌，大力建设湿地生态旅游、海洋文化休闲旅游、生态农业休闲旅游三大旅游精品，形成滨海生态观光、海洋文化、生态休闲系列等特色旅游产品。

（3）实施精品化旅游开发策略。形成山水、江海、湿地、珍禽、神话等旅游拳头产品，实现赢利渠道多元化、产业方向多元化，增强旅游业的抗风险能力。

5. 构建区域性国际港口物流基地

紧抓沿海地区大力发展能源、石化、装备制造、粮油加工、建材等临港工业的有利契机，加快港口基础设施建设，提升港口现代服务能力，形成区域性国际港口物流基地。

（1）加快长三角北翼国际性港口群建设。以连云港港为核心，加快沿海三大港群建设，形成集传统运输、现代物流、信息服务等多种功能为一体的专业化、集约化、规模化的港区。

（2）打造淮河流域重要出海门户。作为淮河门户的滨海港要提速中电投煤码头、液体化工码头等重大基础设施建设，推进中电投协鑫火电、中海油 LNG、中信国安新能源新材料等一批重大产业项目落地。

（3）推进现代港口物流集聚区建设。依托港口枢纽，建设集运输、储存、装卸、流通加工、配送、信息处理等功能为一体的现代综合物流集聚区。

（4）提升融入“一带一路”和“长江经济带”力度。“一带一路”和“长江经济带”战略需要多个强有力的支撑点，通过“一带一路”和“长江经济带”的发展通道，开启海陆双向经济协作圈桥头堡。

6. 建设全国新兴的临港先进制造业基地

转变经济增长方式，促进转型升级，大力发展高端临海产业，积极培育先进装备制造等战略产业，加快推进临海工业产业集群发展。

（1）壮大汽车及零部件制造业。依托现有整车企业，重点发展码头低速牵引车、重箱叉车、集装箱吊装机械、集装箱运输车辆整车、拖车、半挂车、空港设备等港口装备产业。培育以专用汽车改装、新能源汽车研发、车用动力电池、国家级新能源汽车工程中心及零部件研发、设计、制造、试验基地为主的汽车产业集群，打造成为我国长三角地区重要的港口专用汽车研发制造基地。

（2）推进风电装备制造业。“十三五”时期，依托国家能源海上风电技术装备研发中心，以海上风电整机企业和零部件企业为重点，大力发展 3MW 以上大功率海上和潮间带风力发电机组、新型垂直轴风力发电机（VAWT），形成从高速齿轮箱、发电机、叶片、塔筒、法兰、轮毂、底盘、主轴、回转支承、变压器（变电站）、控制装置等风机关键零部件到整机组装完整产业链条。强化自主研发和产品系列化、成套化发展，形成整机、核心部件、配套零部件制造三级产业体系，建设国内一流、具有国际影响力的海上风电设备产业基地。

（3）做强海洋装备制造业。充分发挥江苏省港口岸线丰富的优势，加强与中国船舶工业集团公司、江苏省熔盛重工有限公司、海洋石油工程股份有限公司等国内知名海工装备企业的合作，以 10×10^4t 级半潜工程船、3000m 深半潜水作业支持船和海工装备建造专用浮吊船为重点，着力发展 500m 水深油田生产装备 TLP、高性能轻工机械装备、风电设备、钻井平台、潜油电缆、海底石油电缆、石油工程专用工具、海洋环保设备等，提升技术集成和设备成套化水平，打造特色鲜明、技术高端、国内一流的海洋装备产业基地。

（4）发展船舶零部件制造业。以现有的造船企业为龙头，围绕长三角地区船舶配套需求，发展相关配套的船板预处理中心、船舶动力装置、舱室设备、船用管系等船用设备。积极发展船舶零部件产业，为骨干船舶配套企业提供机电设备、铸锻件及其他零部件和原材料，为船用柴油机、船用锅炉、船用制冷设备及救生艇等生产企业配套关键总成和零部件。

（5）扶持海水淡化设备制造业。紧抓海水淡化装备国产化率逐步提高的重大机遇，以海水淡化项目为依托，联合国内外知名海水淡化设备制造企业，积极推进膜材料与膜组件、能量回收装置、高压泵、高效蒸馏等主要部件研发和制造，发展海水淡化装备整机制造，建设国内海水淡化装备制造重要基地和新能源淡化海水产业示范园。

10.2.3　以“六大工程”建设为引擎，提升海洋科技创新能力

1. 实施深海资源探采装备工程

一个高科技的深海装备项目，其技术涉及海洋、电子、机械加工等诸多领域，“蛟龙号”的发展对这些产业起到了良好的辐射和带动作用。重点发展市场需求量较大的半潜式钻井平台、钻井船、自升式钻修井/作业平台、半潜式生产平台、浮式生产储卸装置、起重铺管船、大型起重船/浮吊、深海锚泊系统等关键系统和设备，水下采油树、泄漏油应急处理装置等水下系统及作业装备，海上及潮间带风机安装平台（船）、海水淡化和综合利用装备等，逐步实现自主设计建造。

2. 海洋科技研发平台工程

主要依托骨干科研机构，完善海洋工程装备的科研试验设施，在装备总体、功能模块、核心设备等领域，打造若干产品研发和技术创新平台。支持骨干企业（集团）设立海洋工程装备研发平台，建设深海技术装备公共试验/检测场；高等院校、中小型企业联合设立共性技术研发平台，积极开展海洋环境观测与监测技术、深海运载与深海探测、海底观测网络技术等海洋基础技术的研究，逐步完善以企业为主体、产学研用相结合的技术创新体系。

3. 筹建“数字海洋”工程

基于云计算的海洋大数据平台，大力推进海洋工程装备的数字化、网络化、协同化设计，加强工程项目管理软件的开发和应用。积极支持骨干企业（集团）开展内部综合信息化网络平台的建设，利用声学遥感技术，为海底地形的探测、海洋动力现象的观测、海底地层剖面的探测、海洋环境监测提供技术服务，为潜水器提供导航、避碰、海底轮廓跟踪信息服务；利用海洋导航技术，为船舶提供导航服务。完善信息共享机制，提高运行效率。

4. 规划深海空间站工程

以抢占海洋工程装备制造业未来发展的技术制高点为目标，根据全水下开发等新兴开发模式的装备需求，积极开展深海空间站及水面支持系统的研发，突破大潜深结构设计技术、特种材料及建造工艺技术、水下设施承压密封技术、水下设施连接和监控技术、海底能源站技术、水下生命维持与综合保障技术、

水面支持系统及对接技术等关键技术，为产品的工程化研制奠定技术基础。

5. 致力海洋生物基因工程

以黄海鱼、虾、贝、藻类和滩涂植物等典型生物为研究对象，从基因组入手，开展重要经济性状相关功能基因的开发与利用研究，建立和完善海洋生物功能基因发现、活性筛选和功能验证技术平台，对重要基因进行重组表达和功能验证，获得一批功能明确、可重组表达、有潜在应用前景的全长功能基因序列。筛选培育适于黄海海域的鱼、虾、贝、藻类等典型经济类生物和沿海滩涂种植的耐盐能源植物、药用植物、蔬菜和饲用植物新品种。

6. 实施海洋人才战略工程

在一批重点和新兴海洋产业领域依托重大科研项目、建设工程和重点基地，以自我培养为主，以引进为辅，凝聚具有自主创新能力、掌握核心技术的科技领军人才和一批高级技术研发人员、技术专家，形成海洋技术创新产业链科技人才群体。大力发展海洋产业技能型人才职业教育，建立与我国海洋经济、社会发展相适应的海洋高技能人才培养体系。鼓励和支持海洋企业推荐优秀技能人才积极参与国际或发达国家的技术资格认证考试，不断提高海洋产业人才的国际竞争力。

10.3　海洋经济发展对策建议

10.3.1　优化主导产业，构建现代海洋产业体系

努力培植新的经济增长点。重点选取海水淡化与综合利用产业、海洋观测与探测装备产业、海洋工程配套装备与设备产业为江苏省海洋新兴产业主要发展方向，通过战略性新兴产业发展专项资金支持，推动产业向全球价值链高端跃升，努力培育一批全国领先的产业集群集聚区；大力调整海洋经济结构。重点发展海洋船舶修造与海工装备制造业、海洋交通运输、港口物流、海上风电、海洋生物医药、海洋渔业及滨海旅游业，集约高效利用滩涂资源，科学规划产业发展，建立一批全国领先、国际一流的现代海洋产业基地；促进海洋产业优化升级。在海水养殖方面，大力发展海洋渔业、海洋生物育种、海洋功能食品。积极培育海洋生物制药、海水淡化技术以及海洋国防装备制造业，创建海洋高端产业的集聚基地和海洋高新技术研发基地。大力推广 ERP、DCS、变频控制、在线检测、全三维建模、数字样机等信息技术在产品设计、生产流程再造中的应用，引导优势骨干企业向智能制造、服务制造转型，大力发展系统解决方案、

远程维护等新型服务；大力实施创新驱动战略。依托现有信息平台，培育以大数据、云计算为重点的智慧海洋产业。加大海洋新兴产业项目招引力度，引进一批大数据龙头企业、配套企业及相关科研机构，打造标志性“互联网+海洋产业”创新高地。

10.3.2 加快港口资源整合，优化港口资源配置

（1）实施“1+3”功能区战略，优化港口发展布局。首先，培育港口经济增长极。要突出“增量优质、存量优化”，在不断扩大港口吞吐能力的同时，进一步推进港口航运质量提升和结构优化。其次，聚焦临港产业。要选择一批技术含量高、产业关联度强、集约化程度好、带动作用大、事关长远发展的重特大项目和高新技术项目，集中力量发展一批具有国际先进水平的临港产业基地和产业集群。再次，打造沿海经济带。要发挥港口、港城、沿海城市、产业增长极的扩散带动作用，统筹有序地推进沿海经济带与腹地的协调关联发展。

（2）打破港口行政区域限制，促进生产要素自由流动。首先，加强政府间合作。构建“3+3”大沿海政府间港口联席会议，共同制定推进区域合作的规划和措施。其次，加强政策对接。要破除限制生产要素自由流动和优化配置的各种体制机制障碍，破除市场壁垒。再次，加强交通方式无缝衔接。依托沿海高速、临海高等级公路、新长铁路等“主动脉”、畅通“微循环”，促进公路、铁路、水运、航空有效衔接，使生产要素流动更便捷、更顺畅、更优质、更高效。

（3）构建多元化港口整合主体，建立长效推动机制。首先，要把江苏省沿海地区发展办公室作为港口资源整合的公共政策主体，理顺省、市、县等政府部门在港口管理方面的关系。其次，要把沿海“3+3”港口联席会议制度作为港口资源整合的协调主体，协商解决跨区域的重大问题。最后，要把沿海联合港务局作为港口资源整合的实施主体，以连云港港为龙头，构建港口群战略联盟。

（4）探索“一市一港”集约发展模式，实现港口可持续发展（图 10-5）。首先，要组建“联合港务局”，做好整合先期的联动工作，可以在原先三市港口管理委员会的基础上进行联合港务局的构建。其次，要力推“一市一港”，做好先行先试工作，打破以县域为主要单元推进开发的“一县一港”模式，推行“一市一港”模式。再次，要分层推进，做好港口协同发展工作。将江苏省沿海港口分为核心港口、次核心港口，分工合作、协调发展、分层次发展。

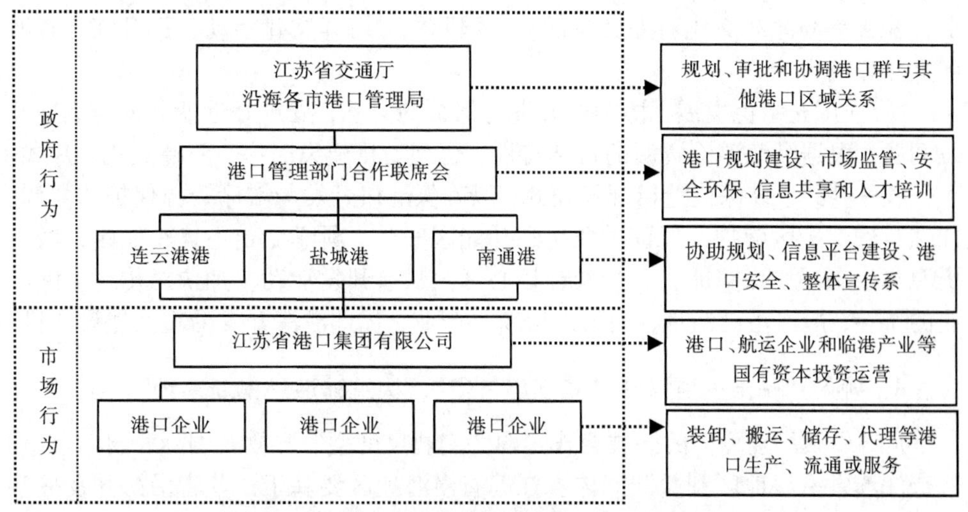

图 10-5　江苏省沿海港口资源整合发展的组织架构

10.3.3　走循环经济道路，探索可持续发展新路径

（1）推动循环经济发展。依托沿海电厂及已有的建材产业基础，打造临港煤电循环经济产业链条，进一步整合壮大区域其他相关传统产业。依托沿海化工园区，进一步优化产业空间布局，加快推进兼并重组，淘汰落后产能，提高清洁生产和污染治理能力，打造生态化工园区。依托沿海金属制品企业，积极延伸产业链条，开展产业循环化改造，提高经济生态效益。

（2）强化低碳经济发展。充分利用沿海已有的新能源（风电、光电）资源条件和产业基础，积极发展面向浅海的风电装备制造业及服务产业，培育光伏产业链、风电产业链。积极推动沿海规模设施农业、养殖业与风电、光伏发电等整合发展，构建“风光渔”“风光养”“风光种”等低碳经济发展模式。推动沿海生态保护林建设，推广碳汇林经济模式，引导森林碳汇上市交易，提升生态建设的经济效益。

（3）支持生态旅游业发展。沿海旅游资源丰富，山、水、湿地、珍禽、江海、神话等旅游资源独具特色。充分利用国家级自然保护区、沿海山水、沿海滩涂湿地、渔港资源，打造我国东部沿海中部地区独具魅力生态旅游目的地和国际湿地生态旅游胜地。

（4）鼓励海洋文化产业发展。加强海洋意识教育与海洋文化建设，强化国民海洋国土意识、海洋经济意识、海洋国防意识、海洋环境意识；加大政府财政投入，设立海洋文化发展基金，开辟多形式的海洋文化教育渠道，国家和沿海省级海洋主管部门成立海洋宣传教育与海洋文化机构；积极构建现代海洋文化产业体系，努力打造一批具有鲜明特色和经济社会效益俱佳的海洋文化产业群；积极参与海洋文化对外交流活动、国际重大海洋文化活动，提升江苏省海洋文化影响力。

（5）优先绿色发展。协调好开发与保护的关系，处理好近期开发与远期开发问题。根据沿海滩涂资源的自然特性，合理安排建设时序，坚持点式、片式、点—线—片式、纵深式港口开发模式，以确保港口开发与滩涂资源保护的协调。加强自然保护区管护，保证重要生态功能区安全。科学划定主体功能区，增强资源与生态环境保障能力，严禁在核心区内从事开发活动。加快对传统临港产业的调整，严格污染治理，大力发展新兴产业，优选沿海开发的重大建设项目。

10.3.4 融入“一带一路”和“长江经济带”，构筑陆海统筹新高地

从“中观尺度型”的区域合作走向“宏观尺度型”开放式国际、国内合作，打造江苏省沿海地区利益共同体。江苏省沿海地区要基于江苏省沿海开发战略所形成的良好合作基础，发挥“交汇区”和“结合部”的优势，打破狭隘的区域思维定式，抱团西进东扩，深度融入“一带一路”和“长江经济带”，促进江苏省沿海地区联动发展。以连云港为“东中西互动平台”，向西对接中西部，培育东陇海经济带新的经济增长极；以盐城为“中韩合作示范平台”，向东对接韩国等东亚国家和地区，培育黄海经济带新的经济增长极；以南通为“江海联动平台”，向西对接长江经济带、向南深度融入长三角，培育长江经济带新的经济增长极。

从“点线型”空间发展格局走向“互联互通型”格局，重塑江苏省沿海地区发展新空间。一要发挥江苏省沿海地区“三极、多节点”的“能级效应”，以连云港、盐城和南通三市为极点，以连云港港、盐城港、南通港为节点，扩大中心城市规模，发展临海重要城镇，集中布局建设临港产业，构建港口、产业、城镇联动发展新格局，成为提升江苏省沿海地区融入“一带一路”和“长江经济带”战略的支撑点。二要依托东陇海产业带、沿海经济带、长江经济带，发挥“串联效应”，不但可以加快产业转型升级和空间集聚，而且可以构建江苏省沿海地区与东中西部相互支撑、良性互动的新格局。三要打破区域板块之间的封闭，增强江苏省沿海地区与苏南、苏中的经济联系，放大“网络效应”，形成全省共同融入、互动并进的新局面。

从“沿海运输型”枢纽走向“资源配置型”枢纽，开辟江苏省沿海地区对外经济活动新局面沿海港口集疏运的便捷优势，为江苏省沿海地区充分利用两个市场两种资源，加强江苏沿海地区与中西部及欧洲、中亚、东北亚国家之间的沟通和联系创造了新机遇。随着“一带一路”和“长江经济带”战略的推进，江苏省沿海地区一要以技术创新为动力，培育优势主导产业，推动集聚集约发展。二要以平台为载体，扩大与“一带一路”和“长江经济带”沿线国家和地

区在经贸、人文等各领域的交流合作。三要发挥政府和企业两个积极性，形成政企合力，鼓励企业以产业联盟、项目合作等形式抱团出海、共同发展。四要建立“一带一路”和“长江经济带”投资基金，通过资本运作等方式开展跨国投资并购，实现品牌、技术、市场和营销网络的全球整合。

从“陆域主导型”经济发展模式走向“陆海统筹型”模式，开创江苏省沿海地区双向开放新格局。江苏省沿海地区要在全方位参与“一带一路”和“长江经济带”中打开对外开放新局面，在提升向东开放水平的同时，加快向西开放步伐。一要依托亚欧大陆桥东桥头堡，以物流合作为突破口，加大与中亚、东南亚、南亚、西亚等国家的合作，推进异地联合共建产业园区。二要发挥沿海港口双向服务职能，放大向东开放优势，将交汇点建设成为服务海上丝绸之路经济带的重要门户。三要借力上海自贸区、中韩自贸区、中哈物流合作基地、上合组织成员国出海口基地等对外合作平台，加快经济转型升级，构建面向“一带一路”和“长江经济带”的开放型经济体系。四要抓住“国家东中西部合作示范区、陆海统筹发展综合配套改革试验区、国家可持续发展实验区”建设的契机，以产业转型和生态文明建设做抓手，打造海港经济区、海港自由贸易区和新兴产业园区。五要基于现实、着眼未来，挖掘对外友好交往资源，加强教育、文化、科技、医疗、体育、旅游等领域交流合作，推动以人文交流与经贸合作为主的双轮驱动交流机制。

10.3.5　坚持科教兴海战略，建设海洋科技强省

以市场为导向，建立“政企学研”四位一体的技术创新体系和创新服务体系。江苏省沿海地区政府要建立健全区域创新投入体系，采取设立创业投资引导基金、财政补贴风险补偿金、政府直接采购等多种方式来完善创新融资的政策体系。要成立沿海科技创新发展联盟，走协同创新深度融合之路，对同质化产业开展联合科技攻关，共创凝心聚力、提质增效、合作共赢的新局面。沿海企业作为创新的主体要采用专利、技术以及项目等多种入股方式，将企业与科研院所密切地联系在一起，形成利益共同体。

以核心技术为引擎，建设具有较强国际竞争力的海洋产业创新集群基地。要围绕江苏省沿海新型工业化发展的战略需求，着力突破新能源、造船、新能源汽车、智能信息农业、环保装备、新医药等一批引领产业发展的重大关键技术，发展一批带动性强的重大战略产品。要以建设具有较强国际竞争力的创新集群为目标，做大做强新兴产业规模，培育一批千亿、百亿级高技术新兴产业基地。要大力加强技术创新与科技成果转化，培育自主知识产权与自主品牌，努力使高新技术产业成为沿海开发的战略性先导产业。

以科技平台为载体，大力提升企业自主创新能力。要以深化改革为动力，

以“两聚一高”为着力点，重点布局建设一批引领产业发展、增强企业创新活力、支撑沿海开放开发的重大科技创新平台。要建好沿海滩涂耐盐植物种质资源库、海洋资源开发利用、装备制造研发服务、院士工作站等平台，做好创新平台的建设和服务工作。所有规模以上工业企业要建立企业研发中心，大中型企业要建立重点实验室、工程技术研究中心、企业技术中心等研发机构。面向新兴产业和区域优势主导产业发展需求，依托政府、骨干企业、学校、科研院所，建设一批产业技术研究院等重大创新载体。

以人才培养为目标，营造鼓励和支持创新的社会环境。要围绕沿海地区主导产业和特色产业发展需要，加强与中科院海洋所、中国海洋大学、南京大学、河海大学以及台湾高校交流与合作，积极筹建江苏省海洋大学，为江苏省建设和海洋经济发展培养人才。要建立创新创业领军人才奖励制度，搭建科技人员深入基层创业的平台，支持科技专家、科技合作组织、专业技术协会等多元化科技服务模式的发展，推动建立健全多元化科技服务体系。要实施一批星火科技培训项目，重点培训一批涉海农民科技带头人、涉海农村企业科技人员、涉海农村科技服务人员等涉海农村实用科技人才，引导培训一批新型涉海农民。

10.3.6　建立多元化的海洋投入机制，创新海洋经济综合管理体制

第一，坚持投资多元化。坚持多种经济成分、多种经营渠道、多种经营形式一齐上，广泛吸纳和动员全社会资金投向海洋开发和海洋经济发展，形成新型海洋开发机制。第二，建立专项资金。积极争取国家、省级资金资助，将海洋开发与保护建设资金列入各级财政预算，设立涉海基础设施建设等重大项目的专项资金，发起设立涉海民营银行、涉海信托、涉海证券等金融机构。第三，健全投入机制。按照“谁投资，谁决策，谁收益，谁承担风险”的原则，建立平等竞争的市场环境，全面推行股份合作、公开招标、竞价承包等方式，放开搞活经营机制，加快海洋资源的开发利用。第四，创新投融资机制。积极引用信托基金、产业基金、创业基金、资产证券化等新型融资方式，利用资本市场把社会资金集中起来用于海洋产业项目建设。积极引导涉海企业，尤其是高新技术企业进入产权交易市场，用技术和股权换取资金，实现投资主体多元化。密切银企合作，争取更多的信贷资金进入海洋经济领域。

以资源环境承载力为基础，完善陆海生态环境保护制度，科学开发利用海洋资源。第一，完善政策法规体系。推动“海洋基本法”的出台，协调解决海洋多头、多层面交叉管理问题，建设海洋强国。尤其是深水岸线管理、海洋权属登记、用海项目审批服务、生态环境保护、海洋生态损害补偿管理、海域使用权流转、无居民海岛开发保护等政策法规，促成配套完整、协调统一的政策法规体系。第二，扩大公众参与管理。采取鼓励政策和激励机制，提高公众参

与意识。动员一切社会力量参与环境和资源保护。应发展非政府的区域性、行业间和民间环境，扩大公众参与海洋开发管理的参政、议政权。政府部门要广纳民意，积极扩展环境民主和权益，包括监督权、知情权、议政权、索赔权等。第三，加强陆海污染综合防治。加强陆海污染源治理，建设重点陆源入海排污在线监测工程；严格管理船舶污水排放，建立港口码头油污水集中处理设施；加强废弃物的海上倾倒管理，强化倾废管理报告制度。第四，完善综合执法体制。积极探索海上综合执法试点，完善海上突发事件快速反应的多方联动工作机制，促成统一高效的联合执法体制。第五，启动专项调研。在 908 专项的基础上，启动近海海洋综合调查与评价专项及海洋新兴产业发展调研专项，掌握 908 专项之后近海用海变化情况，为深化沿海开发、发展海洋经济和保护海洋生态环境提供基础信息支撑，为各沿海地区适宜发展具体的海洋新兴产业提供参考和建议。

参 考 文 献

阿姆斯特朗, 赖纳. 1986. 美国海洋管理. 北京: 海洋出版社.

艾伯特・赫希曼. 1991. 经济发展战略. 北京: 经济科学出版社.

白福臣. 2009. 中国沿海地区海洋经济可持续发展能力评价研究. 改革与战略, 25（4）: 136-138.

白福臣, 赖晓红, 肖灿夫. 2015. 海洋经济可持续发展综合评价模型与实证研究. 科技管理研究,（3）: 59-62, 86.

鲍捷, 吴殿廷, 蔡安宁等. 2011. 基于地理学视角的"十二五"期间我国海陆统筹方略. 中国软科学,（5）: 1-11.

北极星风力发电网. 2016. 2016 年中国风电行业发展现状与展望分析. http://news.bjx.com.cn/html/20161221/798199-2.shtml[2016-12-21].

蔡柏良. 2015. 江苏海洋经济发展战略研究. 盐城师范学院学报（人文社会科学版）, 35（6）: 27-30.

蔡柏良, 陶加强, 常玉苗. 2014. 国内外培育海洋经济载体对江苏的借鉴. 江苏商论,（9）: 75-79.

曹忠祥. 2005. 区域海洋经济发展的结构性演进特征分析. 人文地理,（6）: 29-33.

曹忠祥. 2013a. 我国海洋经济发展的思路与重点. 经济日报, 2013-07-11（16）.

曹忠祥. 2013b. 我国海洋经济发展的战略思路. 宏观经济管理,（1）: 57-58.

曹忠祥, 高国力. 2015. 我国陆海统筹发展的战略内涵、思路与对策. 中国软科学,（2）: 1-12.

常玉苗. 2012. 江苏海洋经济演进历程及制约因素分析. 国土与自然资源研究,（2）: 58-60.

常玉苗, 蔡柏良. 2012a. 陆海统筹视野下的江苏海洋产业竞争力评价. 海洋经济, 2（6）: 35-40.

常玉苗, 成长春. 2012b. 江苏海陆产业关联效应及联动发展对策. 地域研究与开发, 31（4）: 34-36, 46.

陈本良. 2000. 纵论海洋产业及其可持续发展前景. 海洋开发与管理, 17（1）: 33-35.

陈刚. 2004. 区域主导产业选择的含义、原则与基准. 理论探索,（2）: 52-53.

陈镐. 2017. 江苏海洋经济增长质量评估. 时代金融,（2）: 57-58.

陈金良. 2013. 我国海洋经济的环境评价指标体系研究. 中南财经政法大学学报,（1）: 18-23.

陈可文. 2003. 中国海洋经济学. 北京: 海洋出版社.

陈可文. 2004. 应特别重视海洋"绿色 GDP"的增长. 中国海洋报, 2004-04-16（03）.

陈丽. 2017. 江苏沿海地区海洋经济结构优化研究. 盐城师范学院学报（人文社会科学版）, 37（5）: 18-22.

陈丽, 刘波. 2017. "一带一路"背景下江苏沿海海洋经济转型研究. 山东农业工程学院学报, 34（11）: 63-66.

陈琳. 2012. 福建省海洋产业集聚与区域经济发展耦合评价研究. 福州: 福建农业大学.

陈万灵. 1998. 关于海洋经济的理论界定. 海洋开发与管理, 15（3）: 30-34.

陈为忠, 吴松弟. 2011. 新时期江苏沿海特色临港产业集群发展研究. 中国港口,（8）: 20-23.

陈娓娓, 马骏. 2017. "十三五"宁波培育海洋经济新增长点的重点选择——基于供给侧改革和历年海洋经济动态分析. 宁波经济（三江论坛）,（2）: 21-25.

陈艳萍, 吕立锋, 李广庆. 2014. 基于主成分分析的江苏海洋产业综合实力评价. 华东经济管理, 28（2）: 10-14.

陈长江. 2013. "十二五"后期江苏海洋产业转型升级的思考. 盐城师范学院学报（人文社会科学版）,（3）: 24-29.

陈长江, 胡俊峰. 2013. 江苏海洋产业价值链的灰色关联分析. 海洋开发与管理,（5）: 59-64.

陈志强. 2006. 产业集群推动福建海洋经济发展. 中国国情国力,（12）: 55-58.

成长春. 2012. 坚持陆海统筹构建江苏海洋经济优势调查报告. 海洋开发与管理,（9）: 120-128.

程福祜, 何宏权. 1982. 发展海洋经济要注意综合平衡. 浙江学刊, （3）: 32-33.

程娜. 2015. 中外海洋经济研究比较及展望. 当代经济研究,（1）: 49-54.

程娜. 2017. 新常态背景下中国海洋经济可持续发展评价体系研究. 学习与探索,（5）: 116-123.

储永萍, 蒙少东. 2009. 发达国家海洋经济发展战略及对中国的启示. 湖南农业科学,（8）: 154-157.

崔旺来, 周达军, 刘洁. 2011. 浙江省海洋产业就业效应的实证分析. 经济地理, 31（8）: 1258-1263.

戴伯勋，沈宏达. 2001. 现代产业经济学. 北京：经济管理出版社.
狄乾斌，郭亚丽. 2016. 海洋经济可持续发展系统交互胁迫关系验证及协调度测算——以辽宁省沿海六市为例. 海洋环境科学, 35（3）: 453-459.
狄乾斌，韩增林. 2009. 海洋经济可持续发展评价指标体系探讨. 地域研究与开发, 28（3）: 117-121.
狄乾斌，徐东升. 2011. 海洋经济可持续发展的系统特征分析. 海洋开发与管理, 28（1）: 49-53.
狄乾斌，刘欣欣，王萌. 2014. 我国海洋产业结构变动对海洋经济增长贡献的时空差异研究. 经济地理, 34(10): 98-103.
董楠楠，钟昌标. 2008. 宁波市陆域经济与海域经济协调发展研究. 海洋开发与管理,（5）: 119-122.
董杨. 2016. 海洋经济对我国沿海地区经济发展的带动效应评价研究. 宏观经济研究,（11）: 161-166.
杜军，鄢波. 2014. 基于"三轴图"分析法的我国海洋产业结构演进及优化分析. 生态经济, 30（1）: 132-136.
范斐，孙才志. 2011. 辽宁省海洋经济与陆域经济协同发展研究. 地域研究与开发, 30（2）: 59-63.
房帅，纪建悦，林则夫. 2007. 环渤海地区海洋经济支柱产业的选择研究. 科学学与科学技术管理, 28（6）: 108-111.
冯晓波，赵勇. 2006. 沿海地区海洋经济可持续发展能力实证研究. 中国水运, 6（11）: 211-213.
傅远佳. 2011. 海洋产业集聚与经济增长的耦合关系实证研究. 生态经济,（9）: 126-129.
甘旭峰，吴向鹏. 2009. 国际临港产业发展趋势研究. 港口经济,（5）: 7-10.
高乐华，高强. 2012. 海洋生态经济系统交互胁迫关系验证及其协调度测算. 资源科学, 34（1）: 173-184.
高强. 2014. 山东海洋经济对区域经济发展推动力实证分析. 中国渔业经济, 32（2）: 76-80.
戈亚群，刘益，傅琪波. 1999. "国家竞争优势"理论与浅见. 中国软科学,（1）: 13-18.
工业和信息化部，国家发展改革委，科技部，国资委，国家海洋局. 2012. 海洋工程装备中长期规划（2011-2020）.
苟露峰，杨思维，高强. 2017. 基于集对分析的中国海洋经济协调发展评价. 中国国土资源经济,（2）: 69-73.
顾云娟，朱瑞，陆飞. 2014. 绿色海洋经济核算及江苏实证探索统计科学与实践,（2）: 25-27.
国川，韩增林. 2014. 中国海洋经济综合竞争力比较研究. 资源开发与市场, 30（4）: 458-461.
国家发展改革委，国家海洋局. 2017. 全国海洋经济发展"十三五"规划.
国家发展改革委，国家能源局. 2016. 能源发展"十三五"规划.
国家发展改革委，外交部，商务部. 2015. 推动共建丝绸之路经济带和 21 世纪海上丝绸之路的愿景与行动. http://www.xinhuanet.com/world/2015-03/28/c_1114793986.htm[2017-06-03].
国家海洋局. 2017. 2016 年中国海洋经济统计公报.
韩立民. 2007. 海洋产业结构与布局的理论和实证研究. 青岛：中国海洋大学出版社.
韩立民，卢宁. 2007. 关于海陆一体化的理论思考. 太平洋学报,（8）: 82-87.
韩增林，狄乾斌. 2011a. 我国区域海洋经济地理研究的回顾与展望. 海洋经济, 1（2）: 12-19.
韩增林，狄乾斌. 2011b. 中国海洋与海岛发展研究进展与展望. 地理科学进展, 30（12）: 1534-1537.
韩增林，狄乾斌，刘锴. 2007. 辽宁省海洋产业结构分析. 辽宁师范大学学报（自然科学版）, 30（1）: 107-111.
韩增林，狄乾斌，周乐萍. 2012. 陆海统筹的内涵与目标解析. 海洋经济, 2（1）: 10-15.
洪爱梅，成长春. 2015. 江苏海洋产业结构差异研究——基于全国海洋、江苏省域及沿海三市分析视角. 华东经济管理, 29（7）: 20-23.
侯斌海. 2016. 洋经济特征及发展路径. 理论观察,（12）: 92-93.
胡博. 2011. 福建省六设区市海洋经济竞争力评价研究. 福州：福建师范大学.
胡俊峰. 2011. 江苏海洋产业价值链的延展与深化研究. 科学经济社会, 29（3）: 31-36.
胡晓莉，张炜熙，阎辛夷. 2012. 天津市海洋产业主导产业选择研究海洋经济. 海洋经济, 2（1）: 48-52.
黄萍，吴明忠. 2008. 江苏海洋经济可持续发展的实证分析. 淮海工学院学报（自然科学版）, 17（1）: 89-92.
黄萍，翟仁祥，徐爱武. 2010. 基于灰色关联分析的江苏海洋产业发展分析. 安徽农业科学, 38（27）: 15344-15346.
黄瑞芬，李宁. 2013. 环渤海经济圈低碳经济发展与环境资源系统耦合的实证分析. 资源与产业, 15(2): 92-98.
黄瑞芬，苗国伟，曹先珂. 2008. 我国沿海省市海洋产业结构分析及优化. 海洋开发与管理,（3）: 54-57.

黄蔚艳. 2009. 现代海洋产业服务体系建设案例研究：以舟山市为例. 海洋开发与管理, 26（6）: 99-104.
纪建悦, 林则夫. 2007. 环渤海海洋经济发展的支柱产业选择研究. 北京：经济科学出版社.
贾明瑶, 张凯, 潘少明. 2012. 2000 年以来江苏海洋经济发展的空间差异研究. 海洋湖沼通报,（2）: 166-174.
江苏省发展和改革委员会, 江苏省沿海开发办公室. 2010. 江苏沿海滩涂围垦开发利用规划纲要.
江苏省交通厅. 2016. 江苏省港口“十三五”发展规划.
江苏省人民政府. 2012. 江苏省海洋功能区划（2011—2020）.
江苏省人民政府. 2013. 江苏省海岛保护规划（2011—2020）.
江苏省人民政府. 2017. 关于深化沿江沿海港口一体化改革的意见（苏政发〔2017〕80 号）.
江苏省人民政府. 2017. 江苏省“十三五”海洋经济发展规划.
江苏省人民政府. 2017. 江苏省沿江沿海港口布局规划（2015—2030 年）.
姜旭朝, 方建禹. 2012. 海洋产业集群与沿海区域经济增长实证研究——以环渤海经济区为例. 中国渔业经济,（3）: 103-107.
蒋宏坤. 2015. 抢抓“一带一路”战略机遇推进江苏沿海港口建设发展. 唯实,（7）: 4-8.
蒋鸣. 2010. 沿海港口、临港产业和临港城市发展研究——以沧州渤海新区为主线. 北京：中国城市规划设计研究院.
蒋铁民. 1990. 中国海洋区域经济研究. 北京：海洋出版社.
蒋昭侠. 2010. 海洋经济与江苏沿海经济发展的战略思考. 改革与战略, 26（12）: 90-93.
金小平. 2010. 浙江省水运发展与经济发展的关系分析. 水道港口, 31（4）: 302-304.
李彬, 高艳. 2011. 海洋产业人力资源的现状与开发研究. 海洋湖沼通报,（1）: 165-172.
李福柱, 孙明艳. 2012. 海洋经济对沿海地区经济发展的带动效应评价研究. 华东经济管理, 26（11）: 32-35.
李国平. 2013. 关于中国海洋经济发展的若干战略研究. http://bank.jrj.com.cn/2013/12/07174016291671.shtml. [2017-06-03]
李华, 胡奇英. 2005. 预测与决策. 西安：西安电子科技大学出版社.
李健, 滕欣. 2012. 区域海洋战略性主导产业选择研究——以天津滨海新区为例. 天津大学学报（社会科学版）, 14（4）: 313-318.
李健, 滕欣. 2014. 天津市海陆产业系统耦合协调发展研究. 干旱区资源与环境, 28（2）: 1-6.
李金龙. 2015. 浙江沿海港口资源整合需要重视的问题. 港口经济,（10）: 10-11.
李金龙. 2016. 浙江沿海港口资源整合与转型升级的思考. 政策瞭望,（7）: 45-47.
李俊生. 2015. “一带一路”战略推动海洋经济发展的路径探索. 产业与科技论坛, 14（8）: 24-25.
李娜. 2012. 长三角海洋经济竞争力评价与整合. 华东经济管理,（11）: 22-26.
李南, 刘嘉娜. 2007. 临港产业集群的经济特征与国际经验. 水运工程,（5）: 35-38, 53.
李宪翔. 2015. 江苏省海洋经济发展战略研究. 中国海洋大学.
李晓磊. 2001. 我国临港产业动态发展模式研究. 工会论坛（山东省工会管理干部学院学报）, 17（6）: 104-105.
李新, 王敏晰. 2007. 区域主导产业选择理论研究述评. 工业技术经济, 26（7）: 9-11.
李治国, 李振玉. 2015. 我国港口资源整合经验对辽宁省港口资源整合的启示. 水云管理, 37（7）: 10-12.
梁飞. 2004. 海洋经济与海洋可持续发展理论方法及其应用研究. 天津：天津大学.
凌申. 2010. 江苏沿海风能资源禀赋与开发利用研究. 资源开发与市场, 26（1）: 48-51.
刘波. 2011. 江苏海洋资源综合开发与推进措施研究. 安徽农业科学, 39（1）: 412-413, 416.
刘波, 陈丽. 2016. 江苏省现代海洋产业体系及发展路径研究. 资源开发与市场, 32（7）: 838-841.
刘波, 成长春. 2012. 江苏沿海地区经济联系及物流要素流量空间特征分析. 长江流域资源与环境, 21（6）: 653-658.
刘波, 成长春, 凌申. 2013. 临港产业的国内外经验及对江苏的启示. 资源开发与市场, 29（12）: 1284-1286.
刘波, 朱传耿, 车前进. 2006. 港口经济腹地空间演变及其实证研究——以连云港港口为例. 经济地理, 27（6）: 904-909.
刘大海, 陈烨, 邵桂兰, 等. 2011. 区域海洋产业竞争力评估理论与实证研究海洋开发与管理,（7）: 90-94.
刘海楠, 李靖宇. 2011. 环渤海地区海洋经济发展及地域空间差异分析资源开发与市场, 27（2）: 118-121.

刘洪，蔡伟. 2014. 基于熵值TOPSIS模型的各地区科教实力综合评价. 科技进步与对策, 31（22）: 118-121.
刘骥. 2008. 江苏省海洋经济可持续发展的影响因素分析. 市场周刊：理论研究,（5）: 45-46.
刘剑，王怀成，张落成，等. 2013. 江苏海洋产业发展立地条件评价与布局优化. 海洋环境科学, 32（5）: 693-697.
刘堃，周海霞，相明. 2012. 区域海洋主导产业选择的理论分析. 太平洋学报, 20（3）: 58-65.
刘蕾. 2007. 基于系统论的海陆产业联动机制探讨. 海洋开发与管理,（6）: 87-92.
刘明. 2017. 中国沿海地区海洋经济综合竞争力的评价. 统计与决策,（15）: 120-124.
刘明，汪迪. 2012. 战略性海洋新兴产业发展现状及2030年展望. 当代经济管理, 34（4）: 62-65.
刘强，余亭，丁凯. 2012. 粤鲁浙海洋经济综合竞争力评价分析——基于因子分析法. 当代经济,（21）: 138-140.
刘涛，郭亚丽，傅志军. 2016. 内蒙古区域经济可持续发展系统交互胁迫关系验证及其协调度测算——以呼包鄂经济区为例. 国土与自然资源研究,（4）: 18-23.
刘小铁. 2008. 产业竞争力因素分析. 南昌：江西人民出版社.
刘聿铭. 2012. 天津市海洋产业集聚影响经济增长的机制分析. 天津：天津师范大学.
刘增涛. 2016. “十三五”时期江苏建设海洋强省的总体战略构想. 城市,（7）: 10-14.
陆根尧，曹林红. 2017. 沿海省域海洋经济发展及其对经济增长贡献的比较研究. 浙江理工大学学报（社会科学版）, 38（2）: 91-97.
陆添超，康凯. 2009. 熵值法和层次分析法在权重确定中的应用. 电脑编程技巧与维护,（22）: 19-20.
栾维新，杜利楠. 2015. 我国海洋产业结构的现状及演变趋势. 太平洋学报,（8）: 80-89.
马仁锋，李加林，庄佩君. 2012. 长江三角洲地区海洋产业竞争力评价. 长江流域资源与环境, 21（8）: 918-926.
马仁锋，李加林，赵建吉，等. 2013. 中国海洋产业的结构与布局研究展望. 地理研究, 32（5）: 902-914.
迈克尔·波特. 1997. 竞争优势. 陈小悦，译. 北京：华夏出版社.
美国皮尤海洋委员会. 2005. 规划美国海洋事业的航程. 周秋霖，牛文生，等译. 北京：海洋出版社.
倪建强. 2008. 浙江省海洋经济可持续发展研究. 宁波：宁波大学.
宁凌，欧春尧. 2017. 中国海洋新兴产业研究热点：来自1992—2016年CNKI的经验证据. 太平洋学报, 25（7）: 44-53.
宁凌，杜军，胡彩霞. 2014. 基于灰色关联分析法的我国海洋战略性新兴产业选择研究. 生态经济, 30（8）: 31-36.
宁凌，张玲玲，杜军. 2012. 海洋战略性新兴产业选择基本准则体系研究. 经济问题探索,（9）: 107-111.
潘抒灵. 2011. 江苏海洋经济发展的影响因素和建议. 兰州教育学院学报, 27（6）: 287-288.
彭杨，刘伟，赵楠. 2014. 基于博弈论的长三角区域港口资源整合建议. 水运管理, 36（4）: 18-21.
钱伟，陶永宏. 2016. 江苏海洋经济发展战略. 中外船舶科技,（4）: 1-6.
邱宇，吉启轩，章志章. 2013a. 江苏海洋经济发展存在的问题及对策研究. 江苏科技信息,（1）: 1-3, 6.
邱宇，宋晓村，钱春泰，等. 2013b. 海洋经济与区域经济发展的动态计量分析——以江苏省为例. 海洋开发与管理,（11）: 84-88.
任博英. 2010. 山东半岛海洋产业集聚与区域经济增长问题研究. 青岛：中国海洋大学.
任淑华，刘雪斌，王莉莉. 2014. 舟山群岛新区陆海统筹发展路径研究. 海洋经济, 4（1）: 25-28.
邵桂兰，韩菲，李晨. 2011. 基于主成分分析的海洋经济可持续发展能力测算——以山东省2000—2008年数据为例. 中国海洋大学（社会科学版）,（6）: 18-22.
沈正平，韩雪. 2007. 江苏省海岸带可持续发展初探. 人文地理,（6）: 47-51.
史常亮，王忠平. 2011. 产业结构变动与浙江经济增长. 统计科学与实践, 2（2）: 16-18.
司玉琢，曹兴国. 2014. 海洋强国战略下中国海事司法的职能. 中国海商法研究, 25（3）: 9-15.
宋继承. 2010. 区域主导产业选择的新思维. 审计与经济研究,（5）: 104-111.
宋瑞敏，杨化青. 2011. 广西海洋产业发展中的金融支持研究. 广西社会科学,（9）: 28-32.
孙爱军，董增川，张小艳. 2008. 中国城市经济与用水技术效率耦合协调度研究. 资源科学, 30（3）: 446-453.
孙斌，徐质斌. 2000. 海洋经济学. 青岛：青岛出版社.
孙冰，李颖. 2005. 海洋经济学. 哈尔滨：哈尔滨工程大学出版社.

孙才志, 李欣. 2015. 基于核密度估计的中国海洋经济发展动态演变. 经济地理, 35（1）: 96-103.

孙才志, 高扬, 韩建. 2012. 基于能力结构关系模型的环渤海地区海陆一体化评价. 地域研究与开发, 31（6）: 28-33.

孙建红, 孙丹昱, 郭卉笑. 2010. 临港产业的发展与提升研究——国际经验与宁波的对策. 工业技术经济, 29（7）: 23-26.

孙明艳. 2013. 海洋经济对沿海地区经济发展的带动效应及其区域分异研究. 青岛: 中国海洋大学.

孙希刚. 2014. 山东省海洋产业竞争力研究. 乌鲁木齐: 新疆大学.

孙莹. 2011. 区域海洋经济可持续发展指标体系的构建及应用. 浙江学刊, （6）: 167-170.

覃雄合, 孙才志, 王泽宇. 2014. 代谢循环视角下的环渤海地区海洋经济可持续发展测度. 资源科学, 36（12）: 2647-2656.

谭晓岚. 2010. 论海洋经济竞争力评价理论框架、影响因素. 海洋开发与管理, 27（7）: 67-71.

谭晓岚. 2011. 蓝色经济竞争力评价模型的构建. 海洋开发与管理, 28（11）: 79-83.

唐庆宁, 宋晓村. 2014. 江苏海洋经济发展研究. 北京: 科学出版社.

唐正康. 2011. 基于偏离份额模型的海洋产业结构分析——以江苏为例. 技术经济与管理研究, （12）: 97-100.

童江华, 徐建刚, 曹晓辉, 等. 2007. 基于 SSM 的主导产业选择基准——以南京市为例. 经济地理, 27（5）: 733-736.

王艾敏. 2016. 海洋科技与海洋经济协调互动机制研究. 中国软科学, （8）: 40-49.

王柏玲, 李慧, 许欣. 2017. 我国港口资源整合的困境及对策. 经济纵横, （4）: 62-67.

王波, 韩立民. 2017. 中国海洋产业结构变动对海洋经济增长的影响——基于沿海 11 省市的面板门槛效应回归分析. 资源科学, 39（6）: 1182-1193.

王辰, 张落成, 姚士谋. 2008. 基于 AHP 法的盐城市主导产业选择与空间布局. 经济地理, 28（2）: 318-321.

王丹, 张耀光, 陈爽. 2010. 辽宁省海洋经济产业结构及空间模式演变. 经济地理, 30（3）: 443-448.

王端岚. 2013. 福建省海洋产业结构变动与海洋经济增长的关系研究. 海洋开发与管理, 30（9）: 85-90.

王芳. 2009. 对海陆统筹发展的认识和思考. 国土资源, （3）: 33-35.

王芳, 朱跃华. 2009. 江苏省沿海滩涂资源开发模式及其适宜性评价. 资源科学, 31（4）: 619-628.

王富喜, 毛爱华, 李赫龙, 等. 2013. 基于熵值法的山东省城镇化质量测度及空间差异分析. 地理科学, 33(11): 1323-1329.

王广凤, 昌军. 2007. 基于灰色聚类的海洋主导产业选择研究. 江苏经贸职业技术学院学报, （2）: 6-8.

王桂银, 刘凤翔. 2011. 基于 SSM 方法的海洋产业研究——以福建省为例. 现代商贸工业, （11）: 83-84.

王海英. 2002. 海洋资源开发与海洋产业结构发展重点与方向. 海洋开发与管理, 19（4）: 23-28.

王丽椰, 杨山, 王伟利. 2009. 江苏省海洋科技发展瓶颈及对策探析. 科技管理研究, （3）: 111-112, 116.

王玲玲, 殷克东. 2013. 我国海洋产业结构与海洋经济增长关系研究. 中国渔业经济, 31（6）: 89-93.

王双. 2013. 我国主要海洋经济区的海洋经济竞争力比较研究. 华东经济管理, （3）: 70-75.

王婷婷. 2012. 上海海洋产业发展现状与结构优化——基于灰色系统理论的分析. 农业现代化研究, 33（2）: 145-149.

王晓艳. 2015. 我国海洋经济竞争力评价. 天津: 天津财经大学.

王银银. 2016. 耗散结构理论视角下江苏海洋经济发展对策研究. 南通大学学报（社会科学版）, 32（6）: 1-6.

吴明忠, 晏维龙, 黄萍. 2009. 江苏海洋经济对区域经济发展影响的实证分析: 1996—2005. 江苏社会科学,（4）: 222-227.

吴以桥, 杨山, 王伟利. 2010. 基于沿海大开发背景的江苏海洋产业发展研究. 南京师大学报（自然科学版）, 33（1）: 130-135.

伍业锋. 2006. 中国沿海地区海洋经济竞争力研究. 北京: 中国科学院.

伍业锋, 施平. 2013. 中国海洋产业经济贡献度的测度. 统计与决策, （2）: 136-139.

夏荣静. 2012. 推进我国海洋经济可持续发展的研究综述. 经济研究参考, （24）: 45-49.

肖鹏, 宋炳华. 2012. 陆海统筹研究综述. 理论视野, （11）: 74-76.

肖侠, 路吉坤. 2017. 海洋强省战略背景下江苏省海洋生态补偿机制研究. 淮海工学院学报（人文社会科学版）,

15（11）: 86-89.
谢波, 沈和, 赵志凌. 2006. 面向海洋: 构建江苏经济第四增长极. 长三角经济,（2）: 89-91.
胥苗苗. 2017. 港口资源整合中的多样化模式. 中国船检,（5）: 42-46.
徐谅慧, 李加林, 马仁锋, 等. 2014. 浙江省海洋主导产业选择研究——基于国家海洋经济示范区建设视角. 华东经济管理, 28（3）: 12-15.
徐胜, 郭玉萍, 赵燕香. 2012. 我国海洋产业发展情况分析. 中国渔业经济, 30（5）: 100-107.
徐杏. 2013. 新形势下港口资源整合的新要求. 中国港口,（1）: 13-15.
徐质斌. 1995. 海洋经济与海洋经济科学. 海洋科学, 19（2）: 21-23.
徐质斌. 1996. 山东海洋资源开发研究. 发展论坛,（1）: 40-41.
徐质斌. 1999. 海洋资源的资产化管理和产业化经营. 国土与自然资源研究,（1）: 1-5.
徐质斌. 2003. 海洋经济学教程. 北京: 经济科学出版社.
杨春蕾. 2015. 东西双向开放: 江苏对接"一带一路"与长江经济带. 南通大学学报（社会科学版）,（6）: 1-5.
杨歌, 管华. 2011. 主导产业的选择理论探析. 徐州工程学院学报（社会科版）, 26（4）: 49-51.
杨金森. 1984. 海洋: 具有战略意义的开发领域. 北京: 科学出版社.
杨金森. 1990. 中国海洋开发战略. 武汉: 华中理工大学出版社.
杨羽頔, 孙才志. 2014. 环渤海地区陆海统筹度评价与时空差异分析. 资源科学, 36（4）: 691-701.
叶波, 李洁琼. 2011. 海南省海洋产业结构状态与发展特点研究. 海南大学学报（人文社会科学版）, 29（4）: 1-6.
叶向东. 2006. 海洋资源与海洋经济的可持续发展. 中共福建省委党校学报,（11）: 69-71.
叶向东. 2010. 福州海陆统筹发展战略研究. 福州党校学报,（2）: 68-72.
叶宗裕. 2004. 皮尔曲线模型的推广及其应用. 数学的实践与认识,（7）: 72-76.
殷克东, 李兴东. 2011. 我国沿海 11 省市海洋经济综合实力的测评. 统计与决策,（3）: 85-89.
殷克东, 王晓玲. 2010. 中国海洋产业竞争力评价的联合决策测度模型. 经济研究参考,（28）: 27-39.
殷为华, 常丽霞. 2011. 国内外海洋产业发展趋势与上海面临的挑战及应对. 世界地理研究, 20（4）: 104-112.
尹庆民, 李田田, 吴秀琳杰. 2016. 江苏沿海港口岸线资源期权定价模型研究. 韶关学院学报（自然科学版）, 37（10）: 10-15.
应庚谚, 徐乐怡. 2014. "长三角"地区海洋产业集聚与陆域经济协同演进的状况和机理分析. 经营与管理,（7）: 80-84.
于谨凯, 曹艳乔. 2007. 海洋产业影响系数及波及效果分析. 中国海洋大学学报（社会科学版）,（4）: 7-12.
于谨凯, 于海楠, 刘曙光, 等. 2009. 基于"点-轴"理论的我国海洋产业布局研究. 产业经济研究,（2）: 55-62.
于婧, 陈东景, 王海宾. 2013. 基于灰色系统理论的海洋主导新兴产业选择研究——以山东半岛蓝色经济区为例. 经济地理, 33（6）: 109-113.
于丽丽. 2016. 中国海陆经济一体化及其驱动机理研究——基于耦合模型和哈肯模型. 上海: 上海大学.
于妹晖. 2007. 临港工业发展模式研究——以福建为例. 福州: 福建师范大学.
于梦璇, 安平. 2016. 海洋产业结构调整与海洋经济增长——生产要素投入贡献率的再测算. 太平洋学报, 24（5）: 86-93.
于文金, 朱大奎, 邹欣庆. 2009. 基于产业变化的江苏海洋经济发展战略思考. 经济地理, 29（6）: 940-945.
余海青. 2009. 海南省海洋经济现状及战略研究. 天津: 天津大学.
袁久和, 祁春节. 2013. 基于熵值法的湖南省农业可持续发展能力动态评价. 长江流域资源与环境, 22（2）: 152-157.
袁汝华, 张长宽, 林康, 等. 2011. 江苏滩涂围区功能及产业布局分析. 河海大学学报（自然科学版）, 39（2）: 220-224.
袁象, 陈智. 2015. 上海发展战略性海洋新兴产业路径研究. 现代管理科学,（1）: 112-114.
翟仁祥. 2014. 江苏省海洋带经济与环境系统协调发展研究. 江苏农业科学, 42（12）: 487-489.
张岑, 熊德平. 2015. 浙江省海洋产业结构变迁对区域经济增长的影响研究. 特区经济,（4）: 46-48.
张德贤. 2000. 海洋经济可持续发展理论研究. 青岛: 中国海洋大学出版社.
张尔升, 岳方明, 孙庐山, 等. 2016. 海洋经济对海南发展的影响效应研究. 区域经济评论,（4）: 128-133.

张海峰. 1982. 中国海洋经济研究. 北京: 海洋出版社.

张佳楠, 茅克勤. 2014. 浙江省海洋经济主导产业确定——基于产业关联度、增长潜力及生产率上升海洋经济, 4（2）: 25-29.

张坤领. 2016. 中国沿海地区陆海复合系统协同演化研究. 大连: 辽宁师范大学.

张莉. 2008. 海洋经济概念界定: 一个综述. 中国海洋大学学报（社会科学版）,（1）: 23-26.

张恋, 王国力. 2014. 国内外海洋产业竞争力研究综合评述. 北方经贸,（1）: 34-35.

张琴英, 封学军, 王伟, 等. 2010. 国内外临港产业布局对苏北的启示. 中国市场,（19）: 6-8.

张松滨. 2013. 海洋经济对福建经济的贡献研究. 海洋信息,（3）: 38-42.

张向前, 欧阳钦芬. 2002. 试析海洋经济与区域经济发展. 海洋开发与管理, 19（2）: 44-48.

张旭, 刘伟. 2008. 长三角港口资源整合模式. 水运管理, 30（2）: 20-22.

张耀光. 2015. 中国海洋经济地理学. 南京: 东南大学出版社.

张颖, 高松. 2014. 江苏海洋经济创新发展的产业基础与金融支持研究. 江苏社会科学,（5）: 253-258.

赵巍, 蒋霞. 2014. 江苏省海洋产业发展金融支持体系构建研究. 大陆桥视野,（19）: 44-47.

赵昕, 余亭. 2009. 沿海地区海洋产业布局的现状评价. 渔业经济研究,（3）: 11-16.

浙江省统计局. 2013. 浙江省海洋经济统计监测办法研究. http://www.zj.stats.gov.cn/art/2013/7/2/art_281_56239.html[2017-12-21].

郑芳. 2014. 海洋经济对区域经济的影响效应分析: 鲁、浙、粤比较. 山东农业大学学报（社会科学版）, 16（3）: 107-112.

中共江苏省委党校第七期省管干部进修班. 2013. 江苏临港产业发展的重点选择. 唯实,（3）: 36 -37.

朱坚真. 2014. 海洋经济强省指标体系研究. 广东海洋大学学报, 34（2）: 1-7.

朱念. 2010. 海洋产业集聚与区域经济发展耦合机理实例探析. 商业时代,（36）: 110-111.

朱毓政. 2013. 山东半岛蓝色经济区主导产业的选择. 海洋开发与管理,（1）: 97-101.

祝晴. 2013. 我国沿海港口资源整合及政策建议. 水运管理, 35（1）: 11-13.

庄佩君. 2004. 宁波、舟山两港组合发展战略研究. 上海: 上海海事大学.

Blake B. 1998. A strategy for cooperation in sustainable oceans management and development, Commonwealth Caribbean. Marine policy, 22(6): 505-513.

Briggs H, Townsend R, Wilson J. 1982. An input-output analysis of maine's fisheries. Marine Fisheries Review, 44(1): 1-7.

Chetty S K. 2002. "On the crest of wave: evolution of the New Zealand marine cluster. Working paper.

Chiu K H, Lin Y C. 2012. The inter-industrial linkage of maritime sector in Taiwan: an input-output analysis. Applied Economics Letters, 19(4): 337-343.

Choi Y Y, Ha H K, Park M. 2008. Analysis of the role of maritime freight transport industry in the Korean national economy. Journal of International Logistics and Trade, 6(1): 23-44.

Cicin-Saina B, Belfiore S. 2005. Linking marine protected areas to integrated coastal and ocean management: A review of theory and practice. Ocean and Coastal Management, 48(11): 847-868.

Colgan C S. 2000. Estimating the Economic Value of the Ocean In A National Income Accounting Framework. Digital Commons @Center for the Blue Economy.

Colgan C S. 2003. The changing ocean and coastal economy of the united states: A briefing paper for conference participants. http//www.ocean.us/documents/does/102203WavesColgan.paf. [2003-10-22].

de Vivero J L. 2007. The European vision for oceans and seas—Social and political dimensions of the Green Paper on Maritime Policy for the EU. Marine Policy, 31(4): 409-414.

Diakoulaki D, Mavrotas G, Papayannakis L. 1995. Determining objective weights in multiple criteria problems: The CRITIC method. Computers & Operations Research, 22(7): 763-770.

Ehler C, Douvere F, 2009. Marine spatial planning: a step-by-step approach toward ecosystem-based management. Intergovernmental Oceanographic Commission and Man and the Biosphere Programme. IOC Manual and Guides No.53, ICAM Dossier No.6 Paris UNESCO.

Holdway D A. 2002. The acute and chronic effects of wastes associated with offshore oil and gas production on temperate and tropical marine ecological process. Marine Pollution Bulletin, 44(3): 185-203.

IOC. Marine Spatial Planning (MSP). 2013. http://www.unesco-ioc-marinesp.be/marine_spatial_planning_msp [2014-01-02].

Jin D, Hoagland P, Dalton T M. 2003. Methods Linking Economic and Ecological Models for a Marine Ecosystem. Ecological Economics, 46(3): 367-385.

Jin D, Kite-Powell H L, Thunberg E, et al. 2002. A model of fishing vessel accident probability. Journal of Safety Research, 33(4): 497-510.

Kildow J T, Mcllgorm A. 2010. The importance of estimating the contribution of the oceans to national economies. Marine Policy, 34(3): 367-374.

Kildow J, Colgan C S. 2005. California Ocean Economy. University of Southern Maine.

Kullenberg G. 1995. Reflection on Marine Science Contribution to Sustainable development. Ocean & Coastal Management, 29(1-3): 35-49.

Kwak S J, Yoo S H, Chang J I. 2005. The role of the maritime industry in the Korean national economy: an input-output analysis. Marine Policy, 29(4): 371-383.

Managi S, Opaluch J J, Jin D, et al. 2006. Stochastic frontier analysis of total factor productivity in the off shore oil and gas industry. Ecological Economics, (11): 204-215.

Mcllgorm A. 2009. What can measuring the marine economies of Southeast Asia tell us in times of economic and environmental change. Tropical Coasts, 16(1): 40-48.

Morgan R. 1999. Some factors affecting coastal landscape aesthetic quality assessment. Landscape Research, (2): 167-185.

Nathan Associates. 1974. Gross product originating from ocean-related activities. Washington D.C.: Bureau of Economic Analysis.

Nielsen J R, Vedsmand T, Friis P. 1997. Danish fisheries co-management decision making and alternative management systems. Ocean & Coastal Management, 35(2-3): 201-216.

Odum H T. 1988. Self-organization, transformity and information. Science, 242(4882): 1132-1139.

Panayotou K. 2009. Coastal management and climate change: An Australian perspective. Journal of Coastal Research, (1): 742-746.

Pontecorvo G, Wilkinson M, Anderson R, et al. 1980. Contribution of the ocean sector to the United States economy. Science, 208(4447): 1000-1006.

Rodriguez I, Montoya I, Sanchez M J, et al. 2009. Geographic information systems applied to integrated coastal zone management. Geomorphology, 107(1): 100-105.

Shin K, Ciccantell P S. 2009. The steel and shipbuilding industries of South Korea: rising East Asia and globalization. American Sociological Association, 1(2): 167-192.

Villena M G, Chavez C A. 2005. The economics of territorial use rights regulations: a game theoretic approach. Economia, 6(1): 1-4.

Virtanen J, Ahvonen A, Honkanen A. 2001. Regional socio-economic importance of fisheries in Finland. Fisheries Management and Ecology, 8(4/5): 393-403.